National Competency Standards **NCS**

http://www.ncs.go.kr

네 일 미 용 직 무 능 력 표 준 학 습 모 듈

기초 **네일미용** 실습서

김유정 · 고정민 저

구민사 Technology Computer

머리말
PREFACE

경제 성장과 미용 산업의 발달로 여성의 아름다움을 추구하는 미적성향이 다양해지고 자기계발과 발전에 투자하여 스스로를 관리하는 여성들이 늘어남에 따라 삶의 질이 높아지고 있다. 이러한 경향은 네일미용에도 영향을 미쳐 외적인 표현수단에만 그치지 않고 네일을 관리하여 보호하고 교정할 수 있음은 물론 심리적 치료의 진보적인 방향으로 네일미용 산업의 발달은 가속화되고 있다. 네일미용 산업의 발전은 네일 전문가의 성장을 가져 왔으며 현대인들에게는 연령층과 성별에 관계없이 청결하고 아름다운 손이 생활의 필수적인 요소로 자리 잡아 가고 있다. 네일미용 산업의 빠른 성장과 더불어 네일 관리가 여성들의 일상생활에 깊숙이 관여하고 대중화됨으로써 네일 관리의 중요성을 인식하고 효과적인 표현이 가능할 수 있도록 올바르게 네일 관리를 해야 할 것이다.

네일미용은 도구를 다루는 기술이 인체 일부분에 조화되는 기술로 정확한 시술이 이루어지지 않았을 경우 단순히 완성된 결과가 만족스럽지 못한 정도가 아니라 네일의 손상까지 가져올 수 있음을 간과해서는 안된다. 그러므로 네일미용의 이론과 실기를 바탕으로 한 기본적인 네일관리를 올바르고 정확한 방법으로 교육받고 적용할 수 있어야 한다.

이에 본 실습서는 NCS 교과과정에 따른 능력단위인 네일숍 위생서비스, 네일 화장물 제거, 네일 기본 관리를 세분화하여 전문적인 정보를 구체적으로 제시하였다.

실습서에는 표준화된 직무를 산업현장에서 성공적으로 수행할 수 있도록 주별로 실무와 이론을 학습하고 학습자들의 성취수준을 평가하고 부족한 부분을 피드백 할 수 있는 체크리스트가 제시되어 있다. NCS 능력단위인 수행준거를 기반으로 한 기초 네일미용은 네일에 대한 기초 지식과 올바른 네일 관리방법을 이해하고 실무에 적용할 수 있는 테크닉을 상호실습을 통해 습득함으로서 기술에 대한 자신감을 배양하고자 한다.

따라서 본 실습서의 전문적인 지식과 정보는 기초적인 네일미용의 효과적인 지표가 되고 네일 관리의 중요성을 인식시켜 학생들의 기술 향상에 유용하게 활용되어지기를 바란다.

저자 씀

차례
CONTENTS

NCS기반 강의계획서

<table>
<tr><td>대학
교육목표</td><td colspan="8">인성교육중심대학, 실무교육중심대학, 취업교육중심대학, 지역연계 및 국제화중심대학</td></tr>
<tr><td>학과
교육목표</td><td colspan="8">– “바른 인성을 실천하는 행복한 뷰티전문 미용인”
– 마음씨, 말씨, 솜씨를 갖춘 사랑 가득한 종합 미용인
– 현장실무의 질적 교육과 바른 인성의 취업률 선두, 비역사회 봉사, 나아가 글로벌 교육</td></tr>
<tr><td>직무</td><td colspan="4">능력단위/책무(Duty)</td><td colspan="4">능력단위코드</td></tr>
<tr><td rowspan="3">네일미용</td><td colspan="4">네일 샵 위생 서비스</td><td colspan="4">1201010401_14v2</td></tr>
<tr><td colspan="4">네일 화장물 제거</td><td colspan="4">1201010402_14v2</td></tr>
<tr><td colspan="4">네일 기본 관리</td><td colspan="4">1201010403_14v2</td></tr>
<tr><td>교과목 명</td><td colspan="2">기초네일미용실무</td><td>이수구분</td><td>전공선택</td><td colspan="2">담당교수</td><td colspan="2"></td></tr>
<tr><td>학년/학기</td><td colspan="2">1 – 1</td><td>학점</td><td>3</td><td colspan="2">시수
(이론 / 실습)</td><td colspan="2">1/2</td></tr>
<tr><td>교과목표
(학습목표)</td><td colspan="8">– 양질의 고객 서비스와 쾌적한 샵 환경을 위해 청결작업과 기구, 용품, 재료 소독이 가능하고 고객 상담과 시술 전 손·발을 소독할 수 있는 능력이다.
– 고객의 네일 보호를 위하여 네일 위에 시술되어 있는 네일 폴리시, 인조 네일 및 아트 등의 네일 화장물을 파일과 용매제를 사용하여 제거하고 마무리할 수 있는 능력이다.
– 고객의 네일 보호와 미적 요구 충족을 위하여 효과적인 네일 관리로 프리엣지 모양 만들기, 큐티클 정리하기, 컬러링 하기, 보습제 바르기, 마무리를 할 수 있는 능력이다.</td></tr>
<tr><td rowspan="2">교수학습방법</td><td>이론
강의</td><td>실습</td><td>발표</td><td>토론</td><td>팀
프로젝트</td><td>캡스톤
디자인</td><td>포트
폴리오</td><td>기타</td></tr>
<tr><td>0</td><td>0</td><td></td><td></td><td></td><td></td><td></td><td></td></tr>
<tr><td rowspan="2">교육장소
(시설)</td><td>일반
강의실</td><td>전용
실습실</td><td colspan="2">컴퓨터실습실</td><td colspan="2">외부
교육시설</td><td colspan="2">기 타</td></tr>
<tr><td></td><td>0</td><td colspan="2"></td><td colspan="2"></td><td colspan="2"></td></tr>
</table>

교재 (NCS 학습모듈)	주교재	
	보조교재	
	참고교재	

평가방법

A	B	C	D	E	F	G	H	I	J	K	L	M
0											0	

A 포트폴리오, B. 문제해결시나리오, C.서술형, D. 논술형시험, E. 사례연구, F. 평가자질문, G. 평가자, H. 피평가자 체크리스트, I. 일지/저널, J. 역할연기, K. 구두발표, L.작업량 평가, M. 기타
※ 세부내용은 평가계획서에 기술됨.

관련 능력단위요소	수행준거	지식·기술·태도
미용 기구 소독하기	2.2. 소독방법에 따라 네일 미용 기기를 소독할 수 있다. 2.3. 소독방법에 따라 네일 시술용 도구를 소독할 수 있다.	【지 식】 • 소독방법 • 소독제 사용법 【기 술】 • 소독도구 활용 능력 • 소독제 사용 능력 【태 도】 • 꼼꼼하고 철저한 소독 자세 • 소독제 및 소독도구에 대한 철저한 관리요령 준수
손·발 소독하기	4.3. 소독방법에 따라 시술자의 손·발을 소독할 수 있다. 4.4. 소독방법에 따라 고객의 손·발을 소독할 수 있다.	【지 식】 • 소독방법 소독제품 보관법 • 소독제품에 대한 지식 위생지침에 대한 지식 【기 술】 • 소독방법 요령 소독제품 보관 능력 • 소독제품 사용 능력 위생지침에 대한 이해 능력 【태 도】 • 소독제품 및 도구의 청결유지

관련 능력단위요소	수행준거	지식·기술·태도
제거 마무리하기	3.2. 고객의 요구에 따라 모양과 길이에 맞게 마무리할 수 있다. 3.5. 화장물 처리 매뉴얼에 따라 제거 시 배출된 잔여물들을 처리 할 수 있다.	【지 식】 • 네일 구조에 대한 지식 • 잔여물 처리 방법 【기 술】 • 네일 화장품의 이해 능력 • 잔여물 처리 능력 【태 도】 • 작업 완료 후 깨끗하고 청결하게 정리하는 자세
프리엣지 모양 만들기	1.2. 고객의 요구에 따라 프리엣지 모양을 만들 수 있다.	【지 식】 • 네일 구조에 대한 지식 • 파일별 사용 방법 • 프리엣지 모양의 이해 【기 술】 • 네일구조 파악능력 • 파일별 사용 능력 • 프리엣지 모양 다듬는 능력 【태 도】 • 정확하고 섬세한 파일링을 위한 바른 자세
큐티클 정리하기	2.1. 시술 매뉴얼에 따라 핑거볼에 손 담그기를 할 수 있다. 2.2. 시술 매뉴얼에 따라 족욕기에 발 담그기를 할 수 있다. 2.5. 고객의 큐티클의 상태에 따라 큐티클을 정리할 수 있다.	【지 식】 • 네일구조 시술 매뉴얼에 대한 이해 • 큐티클 상태 분별의 이해 • 큐티클 정리 방법의 이해 • 핑거볼 사용법 【기 술】 • 네일구조 파악능력 • 시술 매뉴얼의 사용 능력 • 큐티클 상태 분별 후 정리에 대한 능력 【태 도】 • 도구 사용 시 안전하고 정확한 바른 자세

관련 능력단위요소	수행준거	지식·기술·태도
컬러링하기	3.1. 고객의 요구에 따라 폴리시 색상의 침착을 막기 위한 베이스 코트를 아주 얇게 도포할 수 있다. 3.2. 고객의 요구에 따라 컬러링 방법을 선정하고 폴리시를 도포할 수 있다. 3.6. 시술 매뉴얼에 따라 폴리시 도포 후 컬러 보호와 광택 부여를 위한 탑코트를 바를 수 있다.	【지 식】 • UV 램프 기기에 대한 지식 • 네일 폴리시 도포 방법 • 네일 폴리시 성분에 대한 지식 • 시술 매뉴얼에 대한 이해 【기 술】 • UV 램프 기기 사용 능력 • 네일 폴리시 도포 능력 【태 도】 • 섬세하고 정확한 시술 자세 • 친절하고 정성어린 고객응대 자세
마무리하기	5.2. 시술 방법에 따라 네일과 네일주변의 유분기를 제거할 수 있다. 5.4. 사용한 제품의 정리정돈을 할 수 있다.	【지 식】 • 네일의 유분기 제거 방법 • 매뉴얼에 따라 사용되어진 제품 정리 방법 【기 술】 • 네일의 유분기 제거 능력 • 보습제 선택 사용 능력 【태 도】 • 작업 완료 후 깨끗하고 청결하게 정리하는 자세

주차별 학습 내용

주차	관련능력 단위요소	수업내용	비 고
1	미용 기구 소독하기	• 네용 미용 기기의 소독 • 네일 작업 도구의 소독	오리엔테이션 진단평가
2	손 · 발 소독하기	• 손 소독하기 • 발 소독하기	
3	용매제 사용하기	• 인조 네일 화장물 제거하기 • 자연 네일 화장물 제거하기	
4	제거 마무리하기	• 네일 화장물 제거의 마무리하기 • 화장물 제거 작업의 사후 관리하기	
5	프리엣지 모양 만들기	• 네일 파일 사용방법 익히기 • 네일 표면 정리하기 • 프리에지 형태 파일링하기	
6	큐티클 정리하기	• 네일 기본관리 테이블 세팅하기 • 네일 기본관리 매뉴얼	
7	큐티클 정리하기	• 큐티클 주변 구조의 이해 • 큐티클 관리하기	
8	학습 평가	• 1주 ~ 7주까지 학습한 내용 과정평가	제1차 직무능력평가
9	컬러링하기	• 풀코트 컬러링하기	
10	컬러링하기	• 프렌치 컬러링하기	
11	컬러링하기	• 그러데이션 컬러링하기	
12	학습 평가	• 컬러링 과정평가	제2차 직무능력평가
13	컬러링하기	• 젤 컬러링하기	
14	네일 기본관리 마무리하기	• 마무리 보습제 도포하기 • 작업대 정리하기	
15	학습 평가	• 전과정 평가	제3차 직무능력평가
16	향상 심화 학습		

진단 평가서

담당교수		교과목명	기초네일미용실무
학 번		능력단위명 (능력단위코드)	네일 샵 위생 서비스 1201010401_14v2
이 름			네일 화장물 제거 1201010402_14v2
평가일자			네일 기본 관리 1201010403_14v2

영역(능력단위요소)	진단문항	자가진단		
		우수	보통	미흡
미용 기구 소독하기 (1201010401_14v2.2)	1. 나는 소독방법에 따라 네일 미용 기기를 소독할 수 있다.	③	②	①
	2. 나는 소독방법에 따라 네일 시술용 도구를 소독 할 수 있다.	③	②	①
손·발 소독하기 (1201010401_14v2.4)	1. 나는 소독방법에 따라 시술자의 손 · 발을 소독할 수 있다.	③	②	①
	2. 나는 소독방법에 따라 고객의 손 · 발을 소독할 수 있다.	③	②	①
제거 마무리하기 (1201010402_14v2.3)	1. 나는 고객의 요구에 따라 모양과 길이에 맞게 마무리할 수 있다.	③	②	①
	2. 나는 화장물 처리 매뉴얼에 따라 제거 시 배출된 잔여물들을 처리할 수 있다.	③	②	①
프리엣지 모양 만들기 (1201010403_14v2.1)	1. 나는 고객의 요구에 따라 프리엣지 모양을 만들 수 있다.	③	②	①
큐티클 정리하기 (1201010403_14v2.2)	1. 나는 시술 매뉴얼에 따라 핑거볼에 손 담그기를 할 수 있다.	③	②	①
	2. 나는 시술 매뉴얼에 따라 족욕기에 발 담그기를 할 수 있다.	③	②	①
	3. 나는 고객의 큐티클 상태에 따라 큐티클을 정리할 수 있다.	③	②	①

영역(능력단위요소)	진단문항	자가진단		
		우수	보통	미흡
컬러링하기 (1201010403_14v2.3)	1. 나는 고객의 요구에 따라 폴리시 색상의 침착을 막기 위한 베이스코트를 아주 얇게 도포할 수 있다.	③	②	①
	2. 나는 고객의 요구에 따라 컬러링 방법을 선정하고 폴리시를 도포할 수 있다.	③	②	①
	3. 나는 시술 매뉴얼에 따라 폴리시 도포 후 컬러보호와 광택 부여를 위한 탑코트를 바를 수 있다.	③	②	①
마무리하기 (1201010403_14v2.5)	1. 나는 시술 방법에 따라 네일과 네일 주변의 유분기를 제거할 수 있다.	③	②	①
	2. 나는 사용한 제품의 정리정돈을 할 수 있다.	③	②	①

[진단결과]

능력단위요소	문항 수	합계점수	평균점수
미용 기구 소독하기	2		
손·발 소독하기	2		
제거 마무리하기	2		
프리엣지 모양 만들기	1		
큐티클 정리하기	3		
컬러링하기	3		
마무리하기	2		

※ 우수는 3점, 보통은 2점, 미흡은 1점으로 계산

기초 네일미용 실습서 개요

학습목표

네일숍에서 효과적인 네일미용을 할 수 있는 기본적인 지식과 실무 중심의 심층교육에 초점을 두어 네일에 관한 이론과 기술을 바탕으로 건강하고 아름다운 네일을 유지, 보호하고 고객이 원하는 미적요구를 시술하기 위한 기본적인 네일미용 능력을 갖추고자 한다.

이수시간

학습	학습내용	이수시간
미용 기구 소독하기 1201010401_14v2.2	• 소독방법에 따라 네일 시술용 도구를 소독할 수 있다. • 소독방법에 따라 네일 미용 용품을 소독할 수 있다.	3
손 · 발 소독하기 1201010401_14v2.4	• 소독방법에 따라 시술자의 손 · 발을 소독할 수 있다. • 소독방법에 따라 고객의 손 · 발을 소독할 수 있다.	3
용매제 사용하기 1201010402_14v2.2	• 시술된 화장물의 유형에 따라 용매제를 선택할 수 있다. • 화장물의 용해정도에 따라 제거 상태를 확인할 수 있다. • 화장물의 용해정도에 따라 적합한 제거용 도구를 선택할 수 있다.	3
제거 마무리하기 1201010402_14v2.3	• 작업 상황에 따라 화장물의 완전 제거 상태를 확인할 수 있다. • 고객의 요구에 따라 모양과 길이에 맞게 마무리할 수 있다. • 고객의 요구에 따라 네일 표면을 매끄럽게 정리할 수 있다. • 화장물 처리 매뉴얼에 따라 제거 시 배출된 잔여물들을 처리할 수 있다.	3

이수시간		
학습	학습내용	이수시간
프리엣지 모양 만들기 1201010403_14v2.1	• 시술 매뉴얼에 따라 네일 파일을 사용할 수 있다. • 고객의 요구에 따라 프리엣지 모양을 만들 수 있다. • 네일 상태에 따라 표면을 정리할 수 있다. • 프리엣지 밑 거스러미를 제거할 수 있다.	3
큐티클 정리하기 1201010403_14v2.2	• 시술 매뉴얼에 따라 핑거볼에 손 담그기를 할 수 있다. • 시술 매뉴얼에 따라 족욕기에 발 담그기를 할 수 있다. • 고객의 큐티클 상태에 따라 유연제를 선택하여 사용할 수 있다. • 시술 순서에 따라 도구를 선택할 수 있다. • 고객의 큐티클의 상태에 따라 큐티클을 정리할 수 있다.	6
컬러링 1201010403_14v2.3	• 고객의 요구에 따라 폴리시 색상의 침착을 막기 위한 베이스코트를 아주 얇게 도포할 수 있다. • 고객의 요구에 따라 컬러링 방법을 선정하고 폴리시를 도포할 수 있다. • 시술 매뉴얼에 따라 폴리시를 얼룩 없이 균일하게 도포할 수 있다. • 시술 매뉴얼에 따라 젤 폴리시를 얼룩 없이 균일하게 도포할 수 있다. • 시술 매뉴얼에 따라 젤 폴리시 시술 시 UV 램프를 사용할 수 있다. • 시술 매뉴얼에 따라 폴리시 도포 후 컬러 보호와 광택 부여를 위한 탑코트를 바를 수 있다.	15
마무리하기 1201010403_14v2.5	• 시술 방법에 따라 네일과 네일 주변의 유분기를 제거할 수 있다. • 사용한 제품의 정리정돈을 할 수 있다.	3

기초 **네일미용** 실습서

학습모듈 01

네일 숍 위생서비스

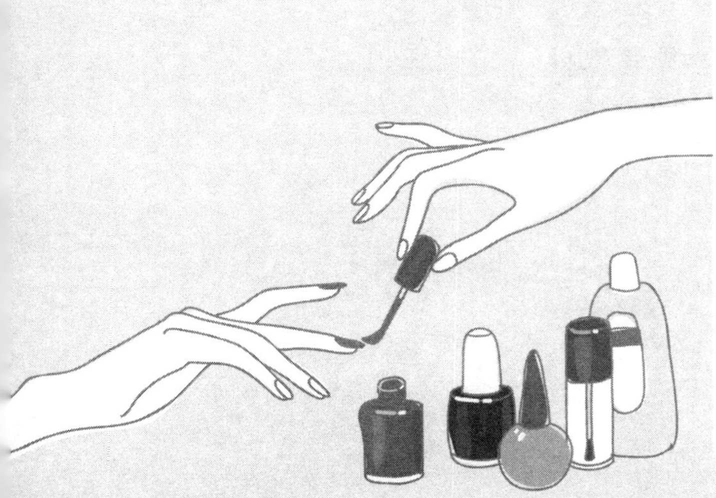

1주차

미용 기구 소독하기

학습모듈 개요

양질의 고객서비스와 쾌적한 네일숍 환경을 위해 청결작업과 기구, 용품, 재료 소독이 가능하고 고객 상담과 작업 전 손·발을 소독할 수 있다.

학습 목표

① 소독방법에 따라 네일 미용기기를 소독할 수 있다.
② 소독방법에 따라 네일 작업용 도구를 소독할 수 있다.
③ 소독방법에 따라 네일 미용용품을 소독할 수 있다.

학습 내용

① 네일 미용 기기의 소독

- **숍 내의 미용기기** : 자외선 소독기, 온장고, 족욕기, 드릴 머신, 네일 드라이어, 파라핀 워머 기기, 젤 램프기기, 왁싱 워머

② 네일 작업 도구의 소독

1) 네일 미용 기구의 소독

(1) 유리 제품 및 브러시 종류

미온수에 담근 후 세척을 하고 흐르는 물에 헹군다. 상태에 따라서는 세척용 세제를 사용할 수 있다. 70% 알코올에 20분 이상 담근 후 자외선 소독기에 넣어 소독한다.

(2) 금속류

사용한 금속류의 도구들은 오염 물질이나 네일 화장품을 제거하고 젖은 타월로 깨끗이 닦은 후 70% 알코올에 소독한다.

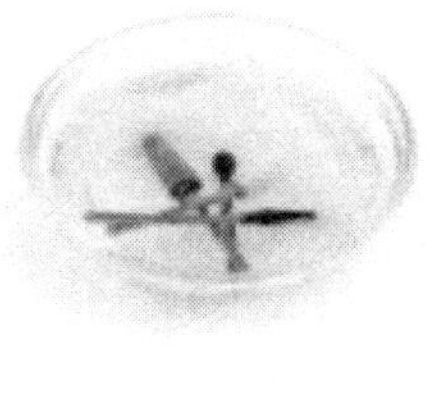		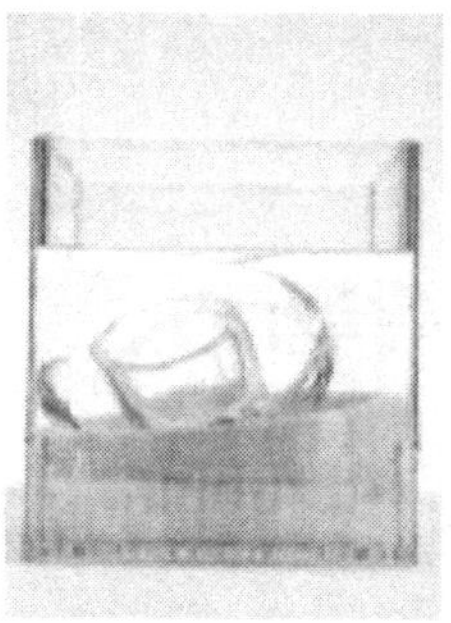	
드릴 비트(메탈) 소독	**자연 네일관리 도구 소독**	**유리, 도자기유형 소독**	**플라스틱, 나무유형 소독**

수행 내용

1 네일 미용 기기 소독하기

1) 소독기기

(1) 습식용 소독기

소독제가 밖으로 나오지 않게 뚜껑을 덮는다.

(2) 전기식 소독기

일반적인 자외선 소독기를 말한다. 자외선 처리를 하기 전에 화학적 소독기(습식용 소독기)에 기구를 담그는 것이 필요하다.

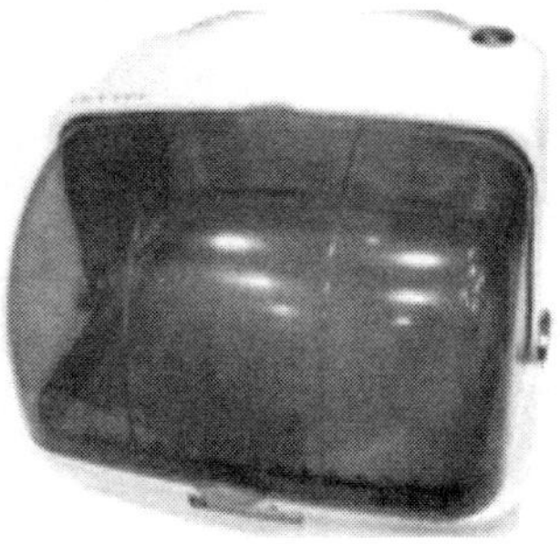

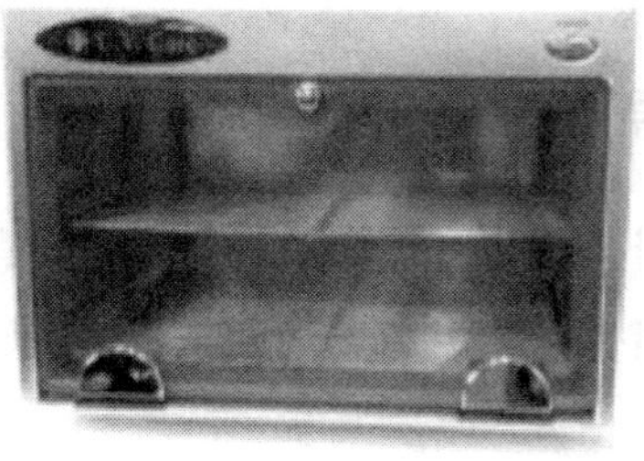

자외선 소독기

2) 세면, 페디스파, 족욕기

소독제를 사용하여 자주 세척 및 소독을 진행한다.

		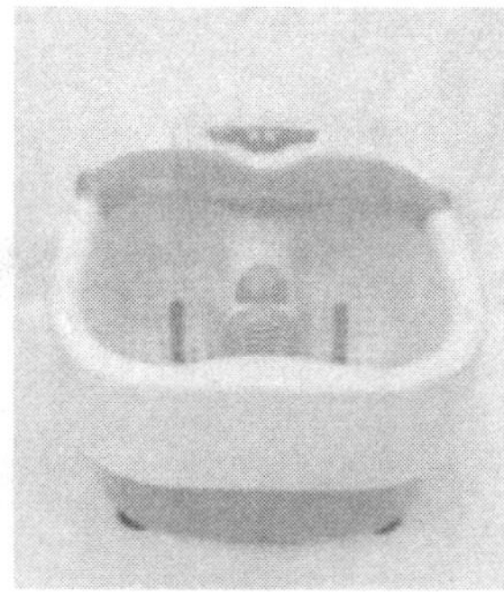
세면대	페디 스파	족욕기

3) 파라핀 워머 기기, 네일 드라이어, 왁싱 워머 기기

정해진 보관 장소에 보관하며 사용 후에는 세척 또는 닦아서 보관한다.

파라핀 워머 기기	네일 드라이어	왁싱 워머 기기

4) 드릴 머신, 에어브러시 건

메탈 소재의 네일 드릴 비트와 에어브러시 건은 습식 소독기에서 소독한 뒤 자외선 소독기에 보관한다.

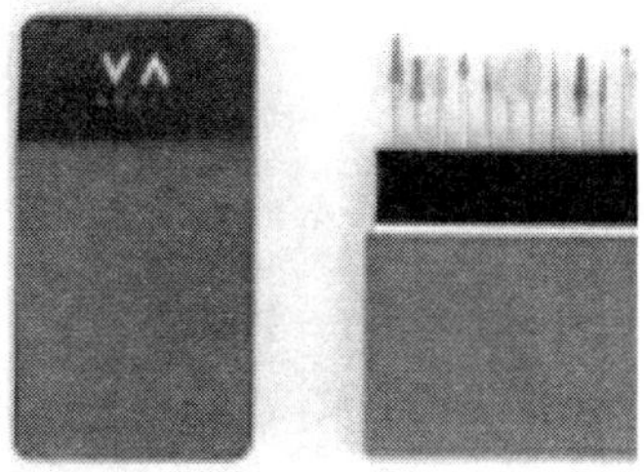

네일 드릴 머신

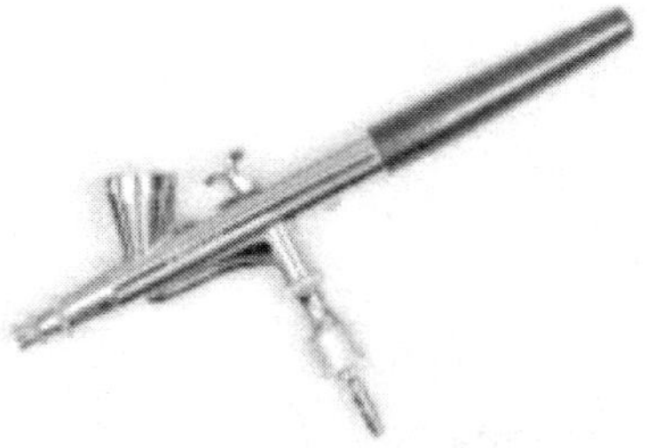

에어브러시 건

5) 온장고

사용하지 않는 상태에서는 문을 열어 두어 냄새가 나지 않도록 한다.

6) 젤 램프기기

사용 전 후 소독제로 닦아서 보관한다.

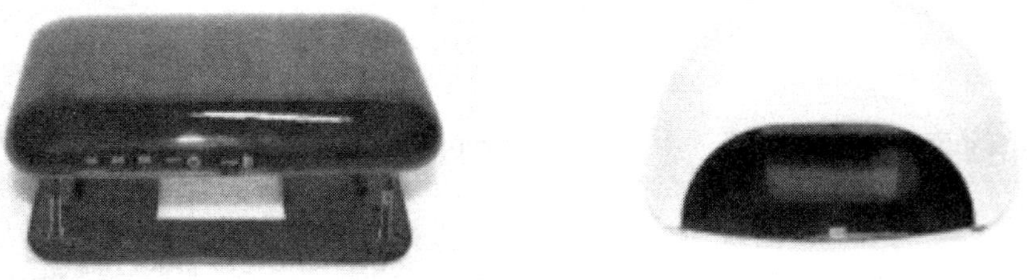

젤 램프기기

2 네일 작업 도구 소독하기

1) 금속성의 네일 미용 도구의 소독

(1) 대상 미용 도구

니퍼, 메탈 푸셔, 클리퍼, 팁 커터, 드릴 비트, 실크 재단 가위, 메탈 스패출러

(2) 소독 방법

사용 후 70% 알코올에 20분 간 담근 후 사용하거나 제4기 암모늄 혼합물 등의 소독제가 담긴 용기 속에 담갔다가 사용 직전에 꺼내 쓴다.

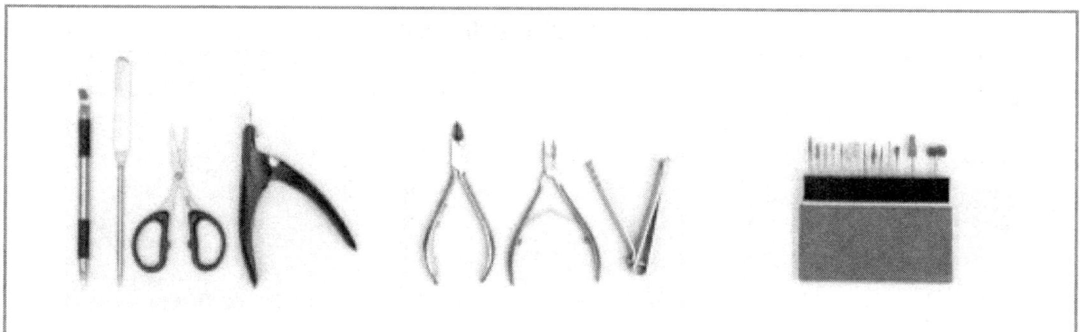

메탈 소재의 네일 미용 도구

2) 유리류의 네일 미용 도구

유리류의 네일 미용 도구는 깨끗이 새척한 후 자외선 소독기에 겹치지 않게 넣어 모든 부분이 자외선에 노출될 수 있도록 하여 소독한다.

3) 플라스틱, 나무류의 미용 도구

(1) 알코올 소독액에 20분 이상 담근 후 흐르는 물에 잘 헹구어 타월로 닦고 통풍이 잘되는 그늘진 곳에서 말린다.

(2) 핑거볼, 네일 브러시, 스포이드

① 물로 세척 후 알코올로 소독한다.

② 물로 닦아서 건조한 후에 자외선 소독기로 소독한다.

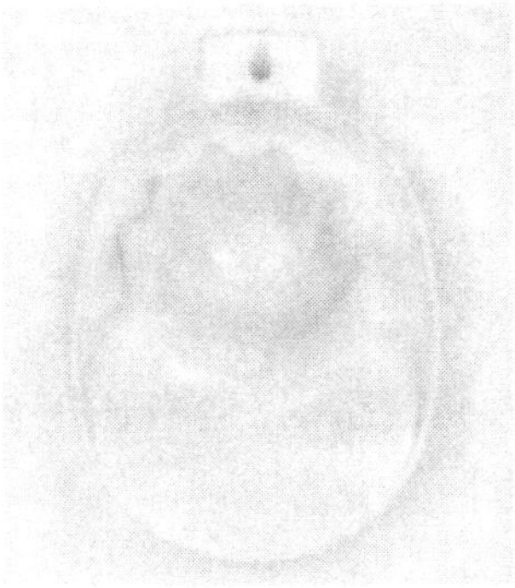

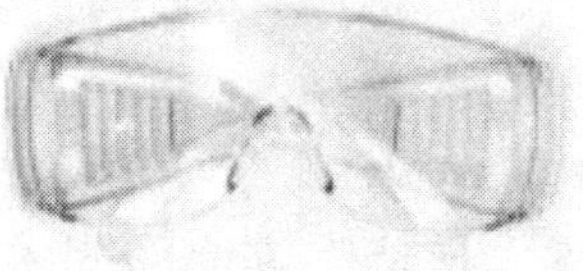

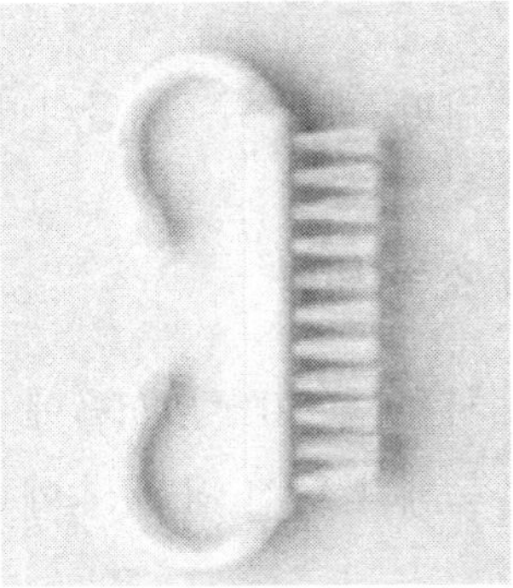

플라스틱 유형의 네일 미용 도구

교수·학습 방법

1 교수 방법

① 미용 기구의 소독 작업에 관련된 소독 방법과 소독의 목적 및 위생의 중요성 등을 자세히 설명한다.

② 네일 미용 기구 작업과 관련된 용어와 사용 방법, 그리고 소독제와 소독 도구에 대해 이해하고 사 용 방법을 습득할 수 있도록 설명한다.

2 학습 방법

① 네일 미용 기기 소독 학습을 통하여 작업 매뉴얼과 주의 사항을 인지하여 실제 현장 활용 가능하도록 학습한다.

② 네일 미용 기기의 소독작업 시 주의사항이나 실수에 대처하는 방안을 인지하고 그 관련 사례들을 문서로 정리해두어 필요 시 활용 가능하도록 한다.

평가

1 평가 준거

평가자는 학습자가 수행준거 및 평가항목에 제시되어 있는 내용을 성공적으로 수행하였는지를 평가해야 한다.

2 평가 방법

평가자 체크리스트				
학습 내용	평가 항목	성취 수준		
		상	중	하
네일 미용 기구의 소독	- 소독 방법에 따라 네일 미용기기를 소독할 수 있다.			
	- 소독방법에 따라 네일 작업용 도구를 소독할 수 있다.			
	- 소독방법에 따라 네일 미용용품을 소독할 수 있다.			

피드백 / 평가자 체크리스트

필요한 학습 능력을 학습 과정이나 결과를 통해 평가한다.

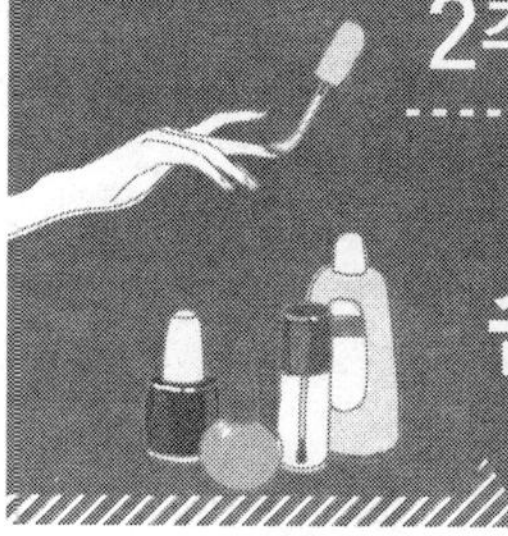

2주차

손·발 소독하기

학습모듈 개요

양질의 고객서비스와 쾌적한 네일숍 환경을 위해 청결작업과 기구, 용품, 재료 소독이 가능하고 고객 상담과 작업 전 손·발을 소독할 수 있다.

학습 목표

① 소독방법에 따라 작업자의 손·발을 소독할 수 있다.
② 소독방법에 따라 고객의 손·발을 소독할 수 있다.

학습 내용

1 손·발 소독방법

1) 손 소독하기

① 작업자와 고객의 손을 모두 소독한다.
② 소독은 손등－손바닥－손가락 사이 순서로 전체적으로 소독한다.

2) 발 소독하기

① 작업자의 손을 소독한 후 고객의 발을 소독한다.
② 소독은 손등－손바닥－손가락 사이, 발등－발바닥－발가락 사이 순서로 이루어진다.

수행 내용

1 손 소독하기

1) 작업자의 손 소독

① 70% 알코올을 적신 탈지면으로 작업자의 손을 소독한 후 서비스를 시작한다.
② 소독은 손등–손바닥–손가락 사이 순으로 구석구석 소독한다.
③ 양손을 모두 소독한다.

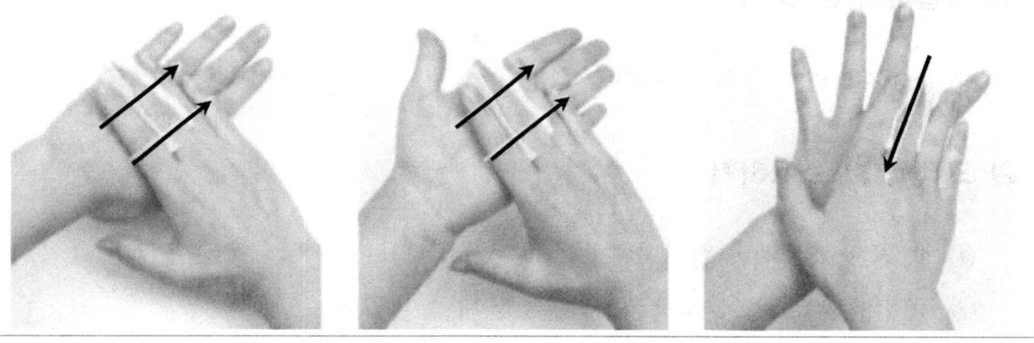

작업자 손 소독하기

2) 고객의 손 소독하기

① 손 소독제를 탈지면에 분사하여 적신다.
② 고객의 손을 한손으로 받치고 손등–손바닥–손가락 사이 순으로 소독한다.
③ 나머지 한손을 같은 방법으로 소독한다.

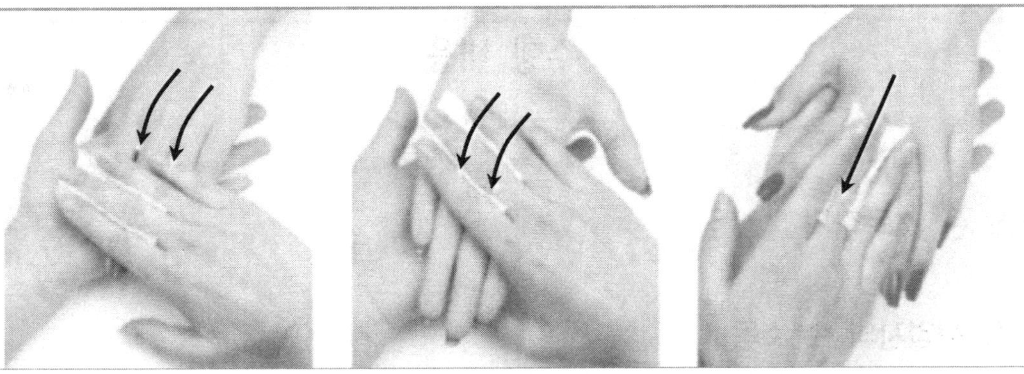
고객 손 소독하기

2 발 소독하기

1) 작업자의 손 소독

손 소독하기의 과정과 동일하다.

2) 고객의 발 소독하기

① 발 전용 소독제를 탈지면에 분사하여 적신다.
② 고객의 발을 한손으로 받치고 발등을 닦아 내린다.
③ 발을 옆으로 돌려서 발바닥을 아래쪽으로 닦아 내린다.
④ 발가락 사이사이를 소독제가 묻은 탈지면으로 차례로 소독한다.
⑤ 나머지 한 발도 같은 방법으로 소독한다.

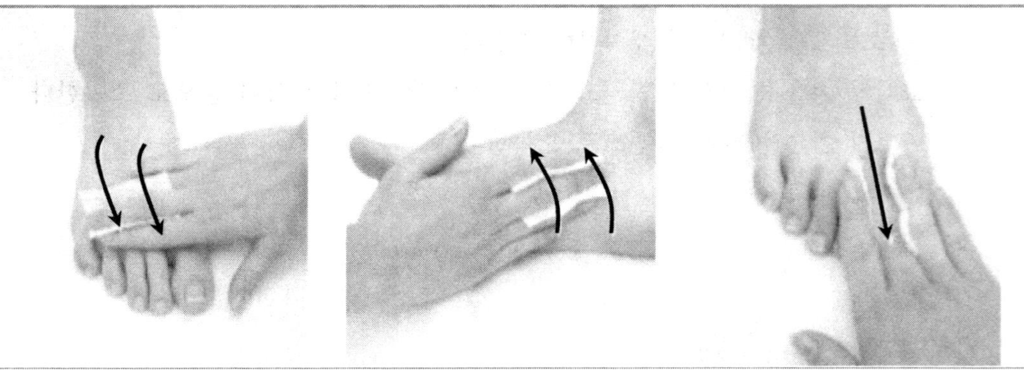
고객 발 소독하기

교수·학습 방법

1 교수 방법

① 손·발 소독하기 과정이 매뉴얼 순서에 따라 단계적으로 실습이 이루어질 수 있도록 지도한다.

② 손·발 소독 작업에 관련된 소독 방법과 손·발 소독 위생의 중요성 등을 자세히 설명하면서 학습의 이해도를 높인다.

③ 손·발 소독 작업과 관련된 용어와 사용 방법, 그리고 소독제와 소독 도구에 이해하고 사용방법을 습득할 수 있도록 설명한다.

2 학습 방법

① 손·발 소독 과정의 소독 및 위생의 매뉴얼과정 잘 인지하고 숍에 중요한 영향을 끼칠 수 있는 위생 절차와 위생관리에 관한 학습을 충분히 인식할 수 있도록 한다.

② 손·발 소독 학습을 통하여 작업 매뉴얼과 주의사항을 인지하여 실제 현장 활용 가능하도록 상호 실습한다.

③ 손·발 소독 작업 시 주의사항이나 실수에 대처하는 방안을 인지하고 그 관련 사례들을 문서로 정리해두어 필요시 활용 가능하도록 한다.

평가

1 평가 준거

평가자는 학습자가 수행준거 및 평가항목에 제시되어 있는 내용을 성공적으로 수행하였는지를 평가해야 한다.

2 평가 방법

평가자 체크리스트

학습 내용	평가 항목	성취 수준		
		상	중	하
손·발 소독	- 소독 방법에 따라 작업자의 손·발을 소독할 수 있다.			
	- 소독 방법에 따라 고객의 손·발을 소독할 수 있다.			

피드백 평가자 체크리스트

평가항목을 수행준거에 기반하여 체크리스트를 작성하고 이에 근거하여 평가하도록 한다.

학습모듈 02

네일 화장물 제거

03주 용매제 사용하기

04주 제거 마무리하기

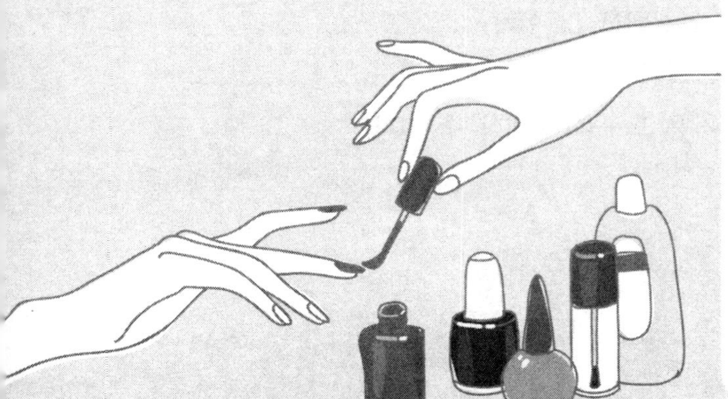

3주차

용매제 사용하기

학습모듈 개요

고객의 네일 보호를 위하여 네일 위에 작업되어 있는 네일 폴리시, 인조 네일 및 네일 아트 등의 네일 화장물을 네일 파일과 용매제를 사용하여 제거하고 마무리할 수 있다.

학습 목표

① 고객관리장에 따라 고객의 작업유형을 파악할 수 있다.
② 작업된 화장물의 유형에 따라 용매제를 선택할 수 있다.
③ 화장물의 용해정도에 따라 제거상태를 확인할 수 있다.
④ 화장물의 용해정도에 따라 적합한 제거용 도구를 선택할 수 있다.

학습 내용

❶ 용매제의 적용

1) 화장솜과 알루미늄 포일을 이용하여 제거하는 방법을 사용할 때 용매제를 적용한다.

① 모든 인조 네일에 이 방법이 적용되지만 젤 네일의 경우에는 젤의 종류에 따라 적용하거나 적용할 수 없기도 한다.
② 용매제 적용 전에는 반드시 오일을 도포하여 피부를 보호하도록 한다.

❷ 네일 화장물 제거하기

1) 네일 화장물의 제거

인조 네일을 제거할 때에는 길이를 클리퍼로 자른 뒤 솜에 아세톤을 적셔서 네일 화장물 위에 두고 휘발되지 않도록 알루미늄 호일로 완전히 감싸준다. 10 ~ 20분 뒤에 알루미늄 포일과 솜을 제거하여 오렌지 우드스틱이나 부드러운 네일 파일로 긁어낸다. 마지막에는 샌딩 블록으로 표면을 매끄럽게 갈아주는 방법이 일반적이다. 인조손톱의 두께를 파일링으로 제거할 때에는 자연손톱과 주변의 피부에 상처가 생기지 않도록 세심한 주의를 기울인다.

2) 네일 화장물의 제거 시 사용 도구

① 클리퍼
② 큐티클 니퍼
③ 큐티클 푸셔
④ 오렌지 우드스틱
⑤ 더스트 브러시
⑥ 샌딩 파일
⑦ 광택용 파일
⑧ 큐티클 오일
⑨ 네일 강화제
⑩ 손 소독제
⑪ 지혈제
⑫ 퓨어 아세톤
⑬ 큐티클 리무버
⑭ 알루미늄 포일

수행 내용

1 인조 네일 화장물 제거하기

1) 소독하기

2) 용매제 적용하기

① 길이 재단하기－두께 제거하기－분진 제거하기－오일 도포하기－용해제 도포하기 순으로 진행된다.

② 자연 네일의 경계선을 파악한 뒤 연장된 인조 네일의 프리에지를 안전하게 잘라낸다.

③ 100그릿 정도의 네일 파일을 사용하여 두께를 줄여준다.

④ 용매제를 적용하여 두께 파일링으로 1차 제거한다.

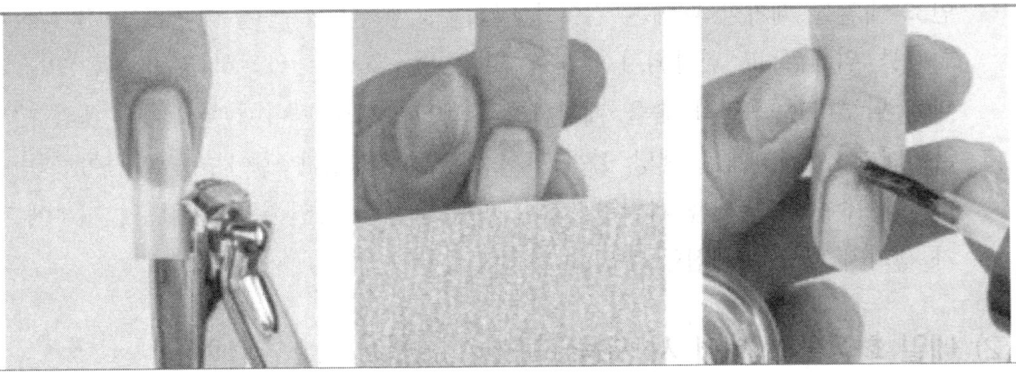

네일 화장물 처리 사전 단계

3) 알루미늄 포일 적용하기

① 소독 솜에 용매제를 충분하게 적셔 인조 네일에 덮어 알루미늄 포일로 감싼다.

② 알루미늄 포일로 감기에 앞서 반드시 손톱 주변 피부에 큐티클 오일을 반드시 도포한다.

③ 공기의 접촉을 최소화하도록 알루미늄 포일을 적용한다.

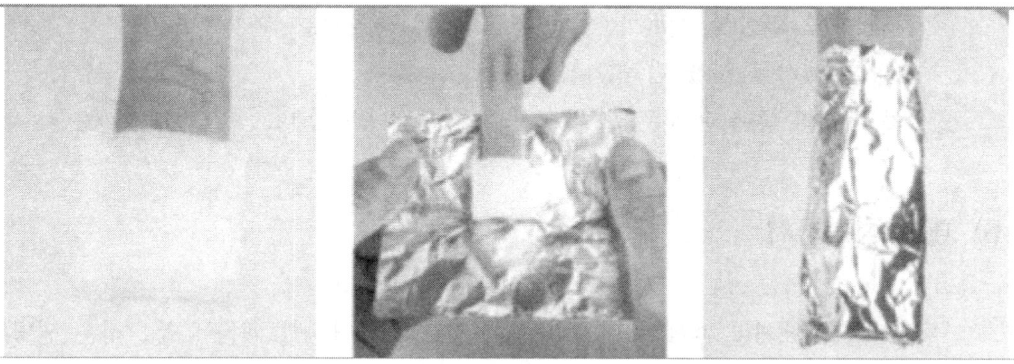

포일 적용하기

4) 1차 화장물 제거하기

일반적으로 1차 화장물 제거 과정은 네일 화장물의 표면이 일부 용해된 상태이다.

① 네일 랩 화장물의 표면 일부가 용해된 상태에서는 큐티클 푸셔, 오렌지 우드스틱, 네일 파일을 선택, 이용하여 네일 화장물의 잔여물을 안전하게 밀어낸다.

② 완전히 용해되지 않은 화장물을 무리하게 제거하지 않는다.

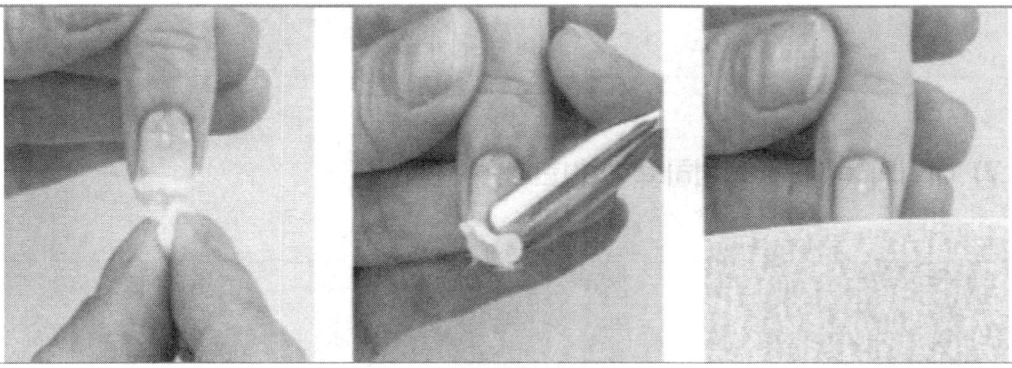

1차 용해된 화장물 제거

5) 2차 화장물 제거하기

2차 화장물 제거 과정은 네일 화장물의 표면과 화장물 전체가 용해된 상태에서 진행한다.

① 1차만으로 화장물 제거가 완전하지 않았을 경우에는 필요에 따라 2차 또는 3차 화장물 제거 작업을 반복한다.

② 2차, 3차의 중복 과정은 오일 도포 과정부터 반복한다.

6) 표면 정리하기

① 화장물은 제거한 후에는 네일 표면이 건조하고 거칠기 때문에 부드러운 샌딩으로 표면을 정리한다.

② 샌딩 작업은 샌딩 블럭, 샌딩 파일 등으로 작업할 수 있다.

③ 화장물이 완전히 제거되었는지 확인한다.

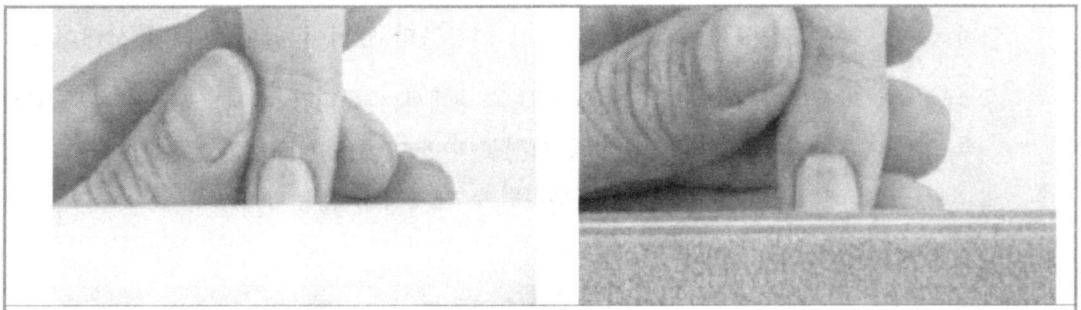

표면 정리하기

7) 네일의 형태를 결정하고 작업한다.

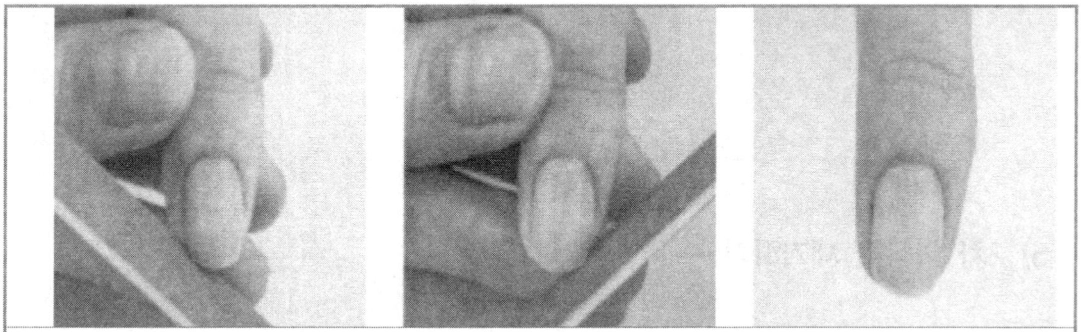

네일의 형태 작업 모습

8) 분진 제거하기

더스트 브러시로 손톱의 표면과 손톱 밑 분진들을 깨끗하게 털어준다.

9) 정리 후 광택내기

① 샌딩 버퍼로 손톱 표면을 매끈하게 한다.
② 네일 주변의 잔여물, 프리에지 아래 거스러미를 제거한다.
③ 광택용 파일로 광택 작업을 해준다.

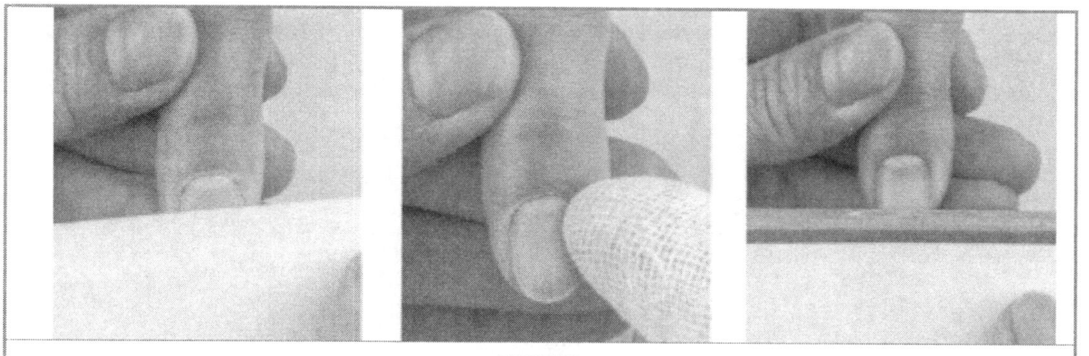

광택작업

10) 네일 화장품 도포하기

11) 손 세척하기

12) 화장물 제거 완성

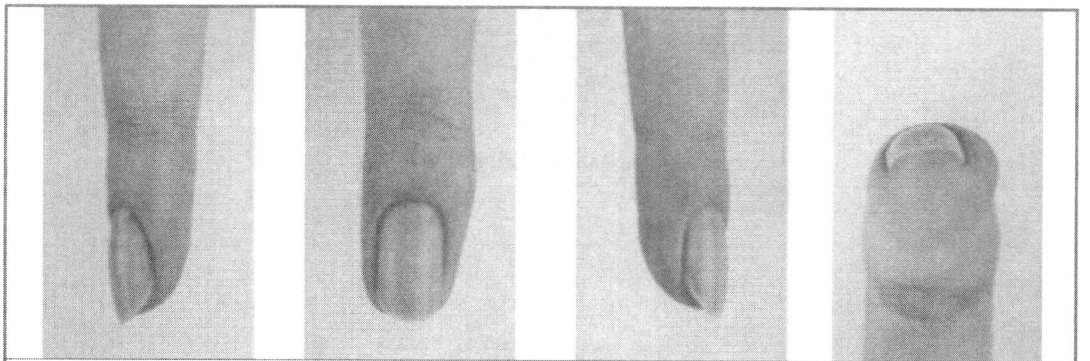

화장물 제거 완성

② 자연 네일 화장물을 제거하기

1) 네일 폴리시 화장물 제거하기

① 화장 솜에 폴리시 리무버를 적셔 네일 위에 올려둔다.
② 2~3분 정도 시간이 지나면 네일을 잡고 아래로 미끄러지듯이 내려서 네일 화장물을 지운다.
③ 잔여 화장물은 오렌지 우드스틱에 솜을 말아서 구석구석 꼼꼼히 제거하도록 한다.

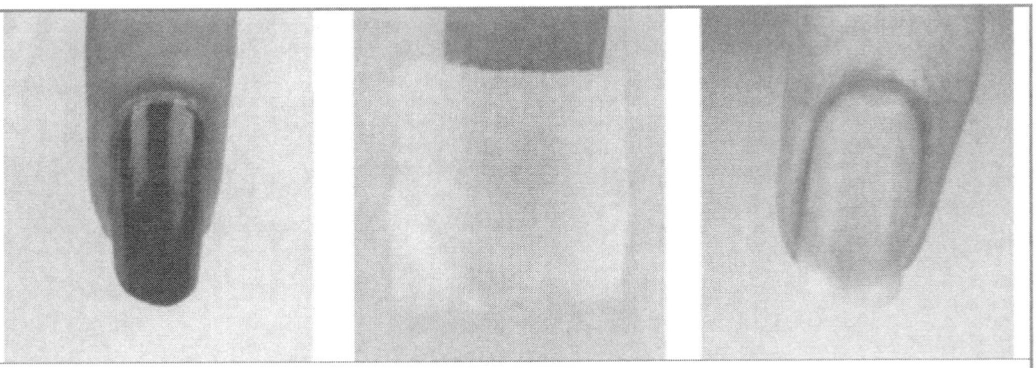

매니큐어 네일 폴리시 화장물의 제거 모습

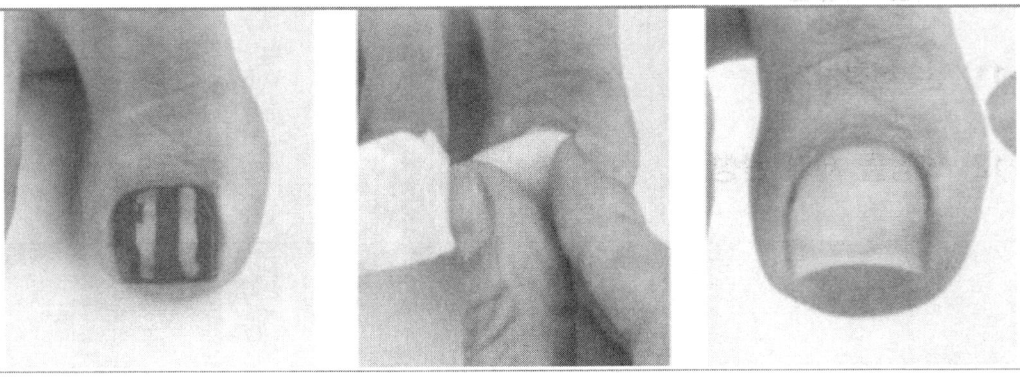

패디큐어 네일 폴리시 화장물의 제거 모습

교수·학습 방법

1 교수 방법

① 네일 화장물 제거 시 관련된 용어와 용매제 그리고 도구에 대해 이해하고 사용방법을 습득할 수 있도록 설명한다.
② 용매제 사용 시 일어날 수 있는 사례들을 들어 주의 사항과 용매제의 사용방법을 설명한다.
③ 현장에 적응 시 문제 발생에 대한 대처가 가능하도록 대응 노력에 대한 학습을 진행한다.
④ 상호 실습을 통하여 기술 연마의 기회를 제공할 수 있도록 한다.

2 학습 방법

① 용매제 사용 과정에 대한 용어와 매뉴얼의 습득을 위하여 관련 내용들을 필기하고 실습을 통해 충분히 숙지·활용할 수 있도록 한다.
② 학습을 통하여 작업 매뉴얼과 주의사항을 인지하여 실제 작업이 가능하도록 실습한다.
③ 용매제 사용 작업 시 주의 사항이나 문제에 대처하는 방안을 인지하도록 한다.

평가

1 평가 준거

평가자는 학습자가 수행준거 및 평가항목에 제시되어 있는 내용을 성공적으로 수행하였는지를 평가해야 한다.

2 평가 방법

평가자 체크리스트				
학습 내용	평가 항목	성취 수준		
		상	중	하
용매제의 적용	– 작업된 화장물의 유형에 따라 용매제를 선택할 수 있다.			
화장물의 제거	– 화장물의 용해정도에 따라 제거상태를 확인할 수 있다.			

피드백 평가자 체크리스트

용매제의 적용 과정에서 알아야 할 학습 과정과 결과를 평가한다.

4주차

제거 마무리하기

학습모듈 개요

고객의 네일 보호를 위하여 네일 위에 작업되어 있는 네일 폴리시, 인조 네일 및 네일 아트 등의 네일 화장물을 네일 파일과 용매제를 사용하여 제거하고 마무리할 수 있다.

학습 목표

① 작업상황에 따라 화장물의 완전제거 상태를 확인할 수 있다.
② 고객의 요구에 따라 형태와 길이에 맞게 마무리 할 수 있다.
③ 고객의 요구에 따라 네일 표면을 매끄럽게 정리할 수 있다.
④ 고객의 네일 상태에 따라 네일 강화제를 도포할 수 있다.
⑤ 화장물 처리 매뉴얼에 따라 제거 시 배출된 잔여물들을 처리할 수 있다.

학습 내용

1 네일 화장물 제거 상태 확인

① 자연 네일의 표면에 네일 화장물이 완전히 제거되어야 한다.
② 자연 네일의 뒷면 및 주위에 네일 화장물의 잔여물이 완전히 제거되어야 한다.
③ 자연 네일의 표면이 고르게 정리되어야 한다.
④ 자연 네일의 형태가 일정하고 균형있게 네일 파일작업이 되어 있어야 한다.

2 화장물 제거 작업의 사후 관리 절차

1) 작업 후의 사후 관리

① 1회 용품 및 폐기물의 처리
② 쓰레기의 처리
③ 사용 제품의 정리

2) 화장물 제거 작업 후의 잔여물 처리

(1) 잔여물의 종류

① 화장물 제거 과정에서 발생된 오염된 1회용 미용 도구
② 파일 작업 및 제거 작업 시 발생된 분진
③ 완전 용해되거나 떨어져 나온 네일 화장물
④ 작업 과정에서 발생된 일반 쓰레기

수행 내용

1 네일 화장물 제거의 마무리하기

1) 표면 정리 및 광택 과정

① 네일 화장물의 제거 직후의 네일의 상태는 표면이 매우 거칠고 건조한 상태이다.

② 표면을 매끄럽게 정돈한다.

③ 광택용 파일은 네일의 표면을 충분히 부드럽게 다듬은 다음에 사용한다.

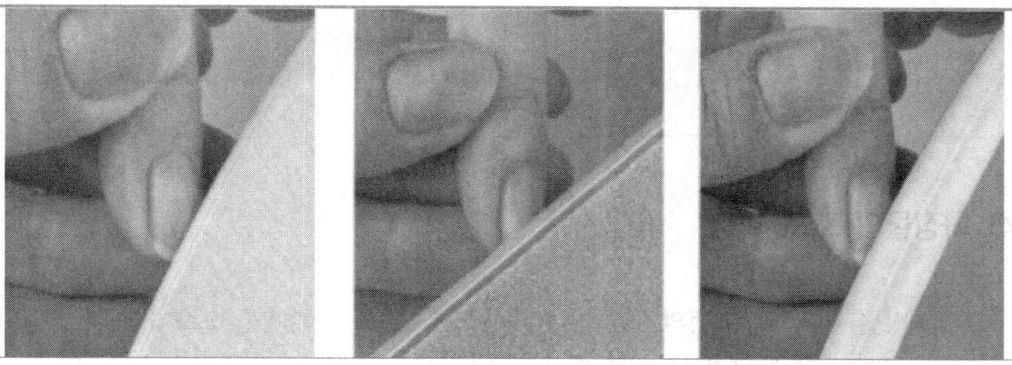

마무리 광택 과정

2) 프리에지의 정리 과정

① 프리에지의 형태와 길이 마무리

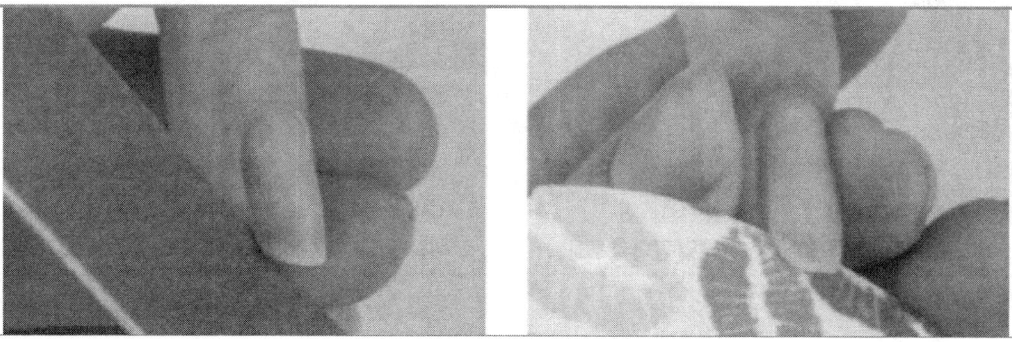

프리에지 형태 마무리

3) 분진 및 오염물의 제거 과정

① 고객의 손뿐만 아니라 작업대와 정리 바구니의 주변까지 분진 제거에 신경쓰도록 한다.
② 준비된 핫 타월 또는 쿨 타월을 사용하여 세척할 수 있다.

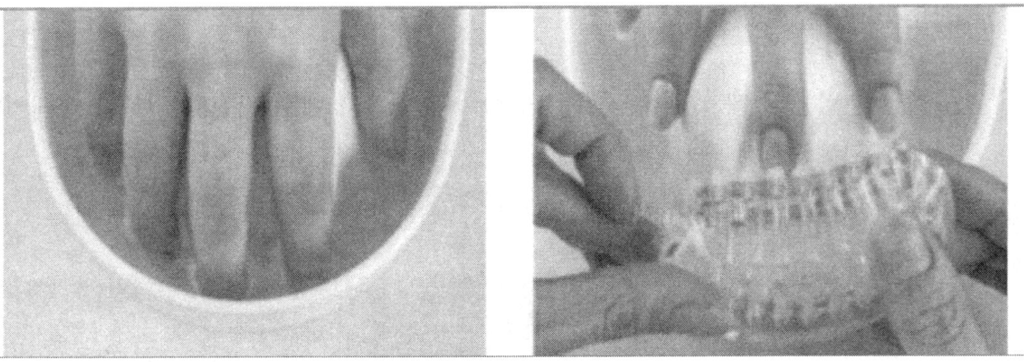

오염물의 제거 과정

4) 화장물의 도포 과정

① 화장물 제거 후 고객의 네일의 상태에 따라 네일 강화제를 도포하여 줄 수 있다.
② 고객의 요구에 따라 네일 폴리시 컬러링, 젤 네일 폴리시 컬러링, 아트 등의 추가 작업을 진행할 수 있다.

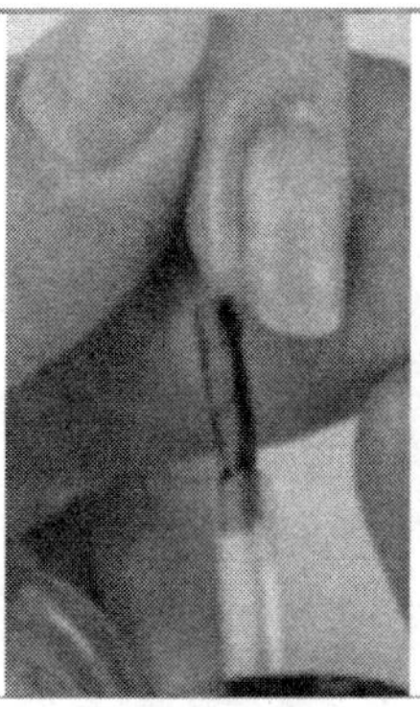

오일 도포

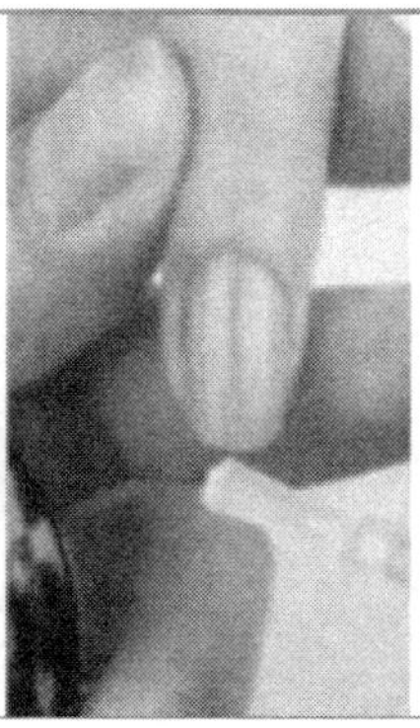

네일 강화제 도포

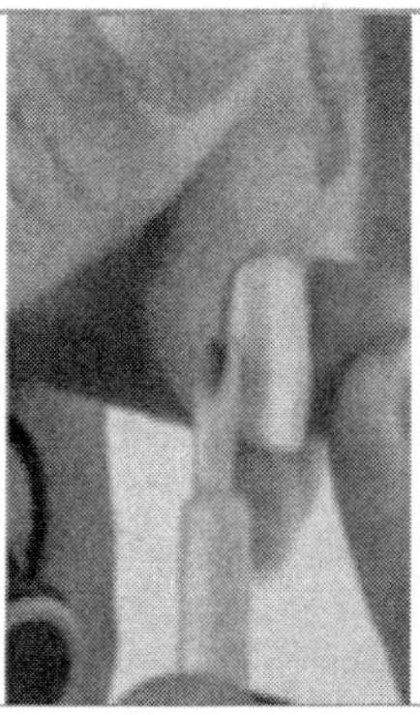

네일 폴리시 도포

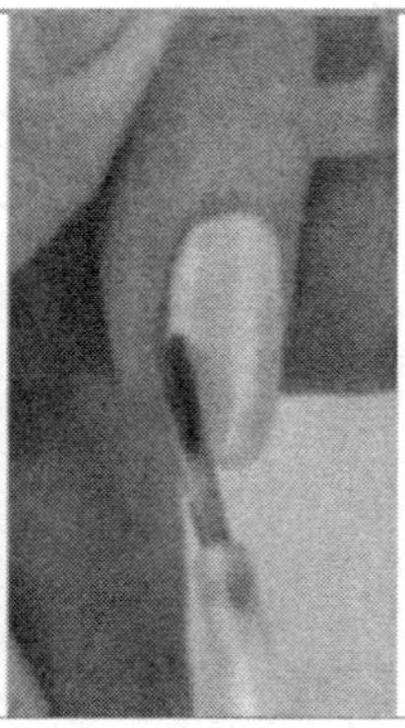

젤 폴리시 도포

5) 작업 정리 및 소독 과정

① 작업이 완료되면 작업의 정리정돈과 다음 고객을 위한 위생 작업 및 청소 작업을 실시한다.

② 사용한 1회성 미용 용품들은 모두 폐기한다.

③ 소독이 가능한 도구들은 작업 마무리 후 즉시 소독 작업을 진행하고 소독 완료된 도구들은 자외선 소독기에 보관한다.

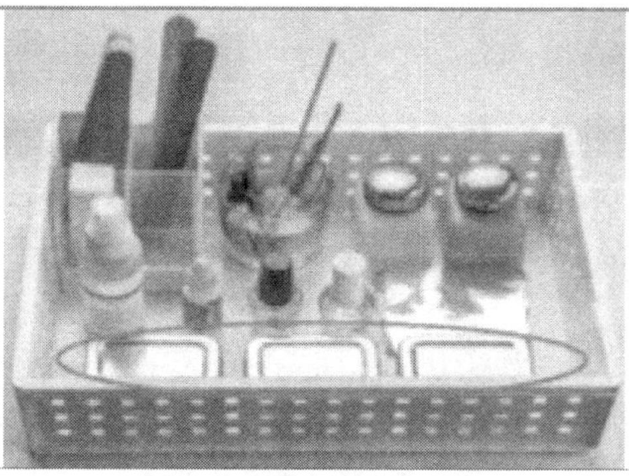

작업 종료 또는 재 세팅된 상태

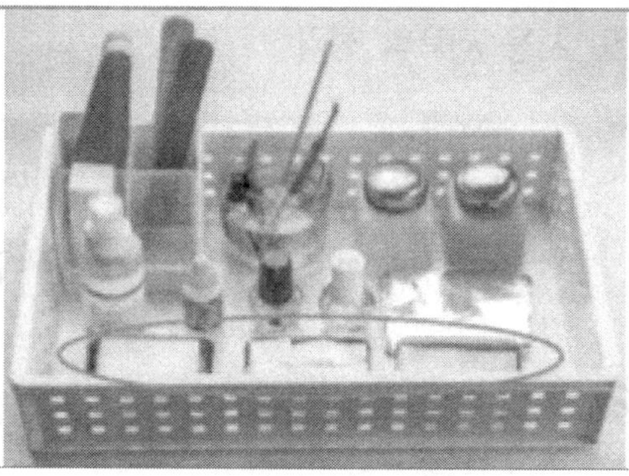

작업 시작 전 상태

정리함의 정리와 작업 준비

2 화장물 제거 작업의 사후 관리하기

1) 작업 후 잔여물 처리과정을 수행한다.

(1) 고객의 이동

① 고객을 건조 테이블로 안내하며 다음 예약을 계획한다.

② 고객의 소지품은 작업자가 옮겨주도록 한다.

(2) 테이블과 소도구들의 위생처리는 항상 미리 준비를 해두는 것이 좋다.

① 고객의 작업을 마치고 나면 철제 도구(Impliments)나 기구들은 바로 위생 처리를 한다.

② 작업이 끝나면 다음 고객을 위해 미리 준비하도록 한다.

(3) 1회 용품 및 폐기물의 처리

① 한번 사용했던 폐기해야 하는 소모품들은 테이블 옆에 매달아 놓은 위생 봉지에 작업이 끝남과 동시에 넣어 함께 폐기한다.

(4) 쓰레기의 처리

① 숍의 경우는 뚜껑이 달린 쓰레기통을 사용하는 것이 원칙이다.

(5) 사용 제품의 정리

① 접착제, 아세톤 등의 화학 약품들은 뚜껑들을 모두 잘 닫는다.

② 뚜껑을 닫는 것은 공기 중의 미세한 먼지나 주위의 이물질이 들어가지 않도록 방지하고 휘발성이 강한 제품들이 휘발되는 것을 방지한다.

2) 주의 사항을 숙지한다.

① 인조 네일을 적절하게 제거하지 못하면 심각한 손상이 생길 수 있다.

② 네일 니퍼를 사용하여 들뜬 것을 뜯어내거나 전동 드릴을 부주의하게 사용하는 것은 네일과 네일 베드 또는 이를 둘러싸고 있는 피부 조직에 심각한 손상과 상처를 일으킬 수 있다. 다만 네일 미용사의 숙련된 도구의 활용이 상당히 중요하다.

③ 어떤 경우에든 연약한 네일 베드를 마찰에 의한 열의 발생으로 화상을 입힐 수 있는 요인들을 피해야 함으로, 과도한 파일링은 삼가야 한다.

④ 작업을 할 때 주의를 기울이지 못하면 조갑박리증과 같은 네일 이상 증세를 초래할 수 있다.

교수·학습 방법

1 교수 방법

① 학습자가 네일 화장물의 제거와 마무리 과정에 관련된 용어와 용매제 그리고 도구에 대해 이해하고 사용 방법을 습득할 수 있도록 설명한다.
② 수업의 이해도가 인정이 되면 학습 목표에 동기를 부여하여 상호 실습을 통하여 기술 연마의 기회를 제공할 수 있도록 수회 연습할 수 있도록 한다.
③ 화장물 제거 작업 시 필요한 제품의 올바른 사용 방법, 성분, 주의 사항 등을 설명한다.

2 학습 방법

① 학습을 통하여 작업 매뉴얼과 주의 사항을 인지하여 실제 작업이 가능하도록 실습한다.
② 마무리 작업 시의 네일 화장품 사용 과정에 한 용어와 매뉴얼의 습득을 위하여 관련 내용들을 필기 하고 실습을 통해 충분히 숙지·활용할 수 있도록 한다.
③ 마무리 작업 시의 주의 사항이나 문제에 처하는 방안을 인지하고 그 학습 내용들을 문서로 정리해두어 필요 시 활용이 가능하도록 한다.

평가

1 평가 준거

평가자는 학습자가 수행준거 및 평가항목에 제시되어 있는 내용을 성공적으로 수행 하였는지를 평가해야 한다.

2 평가 방법

평가자 체크리스트				
학습 내용	평가 항목	성취 수준		
		상	중	하
화장물 제거의 마무리	– 작업 상황에 따라 화장물의 완전 제거 상태를 확인할 수 있다.			
	– 고객의 요구에 따라 형태와 길이에 맞게 마무리 할 수 있다.			
	– 고객의 요구에 따라 네일 표면을 매끄럽게 정리할 수 있다.			
	– 네일 상태에 따라 네일강화제를 도포할 수 있다.			
잔여물의 처리	– 화장물 처리 매뉴얼에 따라 제거 시 배출된 잔여물을 처리할 수 있다.			

피드백 / 평가자 체크리스트

현장에서 적응 가능하도록 일의 순서, 작업 기술 등을 정확히 실행할 수 있도록 평가한다.

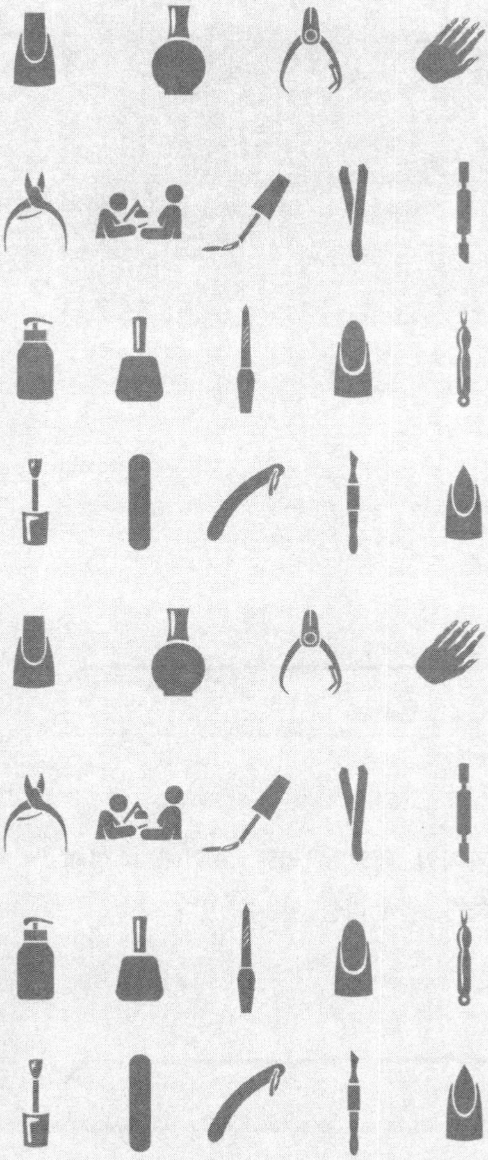

학습모듈 03

네일 기본 관리

- 05주 프리에지 형태 만들기
- 06주 큐티클 정리하기 1
- 07주 큐티클 정리하기 2
- 08주 제1차 직무능력평가
- 09주 컬러링하기 1
- 10주 컬러링하기 2
- 11주 컬러링하기 3
- 12주 제2차 직무능력평가
- 13주 컬러링하기 4
- 14주 네일 기본관리 마무리하기
- 15주 제3차 직무능력평가
- 16주 향상 · 심화 학습

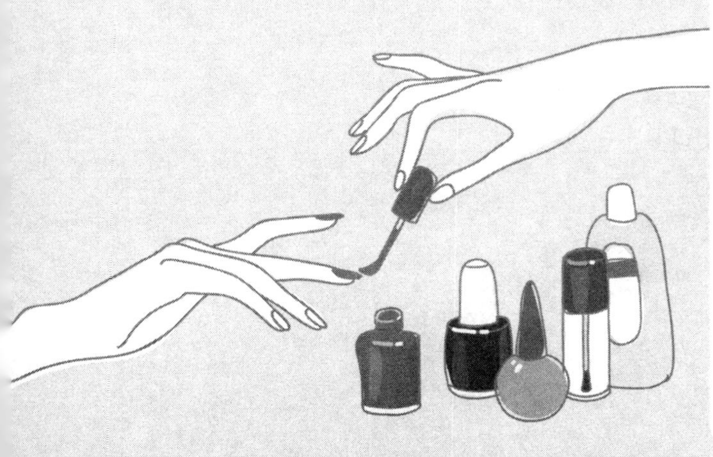

5주차

프리에지 형태 만들기

학습모듈 개요

고객의 네일 보호와 미적 요구 충족을 위하여 효과적인 네일 관리로 프리에지 형태 만들기, 큐티클 정리하기, 컬러링하기, 보습제 도포하기, 마무리를 할 수 있다.

학습 목표

① 작업 매뉴얼에 따라 네일 파일을 사용할 수 있다.
② 네일 상태에 따라 표면을 정리할 수 있다.
③ 고객의 요구에 따라 프리에지 형태를 만들 수 있다.
④ 프리에지 및 거스러미를 제거할 수 있다.

학습 내용

❶ 네일 구조에 대한 이해

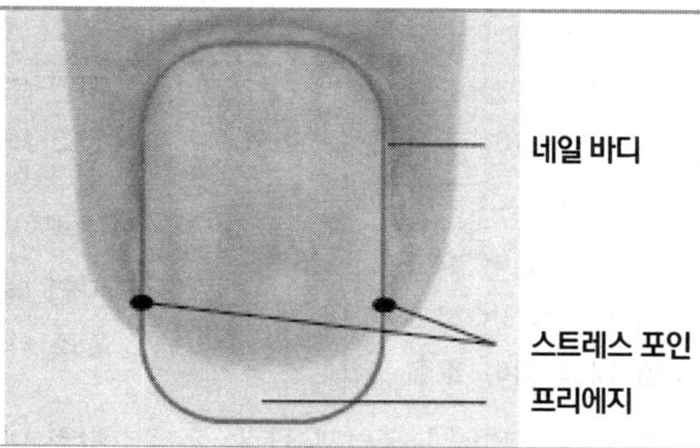

네일의 정면 구조

1) 네일 바디

네일 바디는(Nail Body) 우리가 일반적으로 부르는 손톱과 발톱을 말하며 단단하고 반투명 한 케라틴 세포로 이루어져 있다.

2) 프리에지

프리에지(Free Edge)는 손톱과 발톱의 끝부분에 손가락과 분리되어 자라나는 네일 부분을 말한다. 네일의 형태와 길이정리가 가능한 부분이다.

3) 스트레스 포인트

스트레스 포인트(Stress Point)는 네일 바디의 양 옆의 프리에지가 시작되는 지점을 말하며 외부의 충격에 의해 쉽게 찢어지는 부분을 말한다.

② 네일 파일의 이해

[네일 파일의 용도별 사용 방법]

질감	그릿 수	용도	적용	파일
매우 거침	150 이하	아크릴 네일의 물리적 제거 인조 네일의 심한 두께 조절	인조 네일	지브라 파일
거침	150~180	네일 팁 턱제거 인조 네일 두께 조절 인조 네일 길이 조절, 형태 조형 자연 네일 표면 정리, 광택 제거	자연 네일 인조 네일	샌딩 파일 디스크 패드 우드 파일 네일 파일
보통	180~240	인조 네일 표면 정리 자연 네일 표면 정리, 광택 제거 자연 네일 길이 조절, 형태 조형	자연 네일 인조 네일	우드 파일 네일 파일
부드러움	240~400	인조 네일 표면을 부드럽게 정리 자연 네일 표면을 부드럽게 정리	자연 네일 인조 네일	네일 파일 광택 파일
매우 부드러움	400 이상	인조 네일 표면을 좀 더 세심하게 정리 자연 네일 표면을 좀 더 세심하게 정리 인조 네일, 자연 네일 광택 부여	자연 네일 인조 네일	광택 파일

③ 네일의 형태

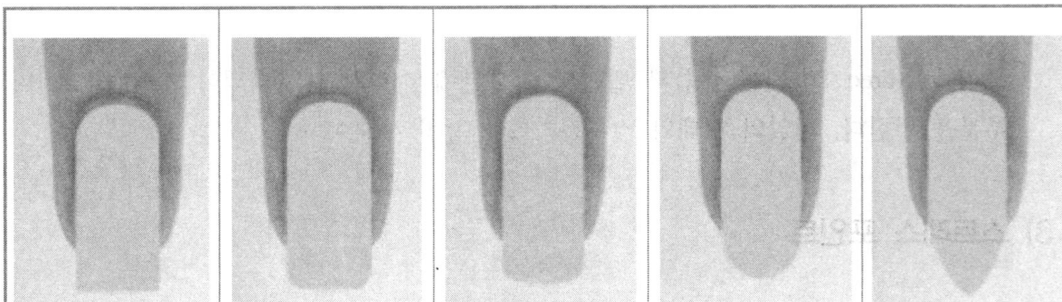

스퀘어형 | 스퀘어 오프형 | 라운드형 | 오발형 | 포인트형(아몬드형)

네일 형태의 5종류

1) 스퀘어형(사각형)

강한 느낌의 형태로 네일의 양끝 모서리 부분이 90° 사각의 형태

2) 스퀘어 오프형(굴린사각형)

사각 네일에서 양끝 모서리만을 부드럽게 만든 것

3) 라운드형(둥근형)

스트레스 포인트부터 프리에지까지 직선을 유지한 프리에지가 둥근 형태

4) 오발형(타원형)

스트레스 포인트으로부터 동그랗게 굴린 형태

수행 내용

① 네일 파일 사용방법 익히기

1) 네일 파일을 바르게 잡는다.

우드 파일을 선택하여 네일 파일의 1/3지점을 가볍게 잡고 엄지로 네일 파일을 받치고 나머지 손가락으로 가볍게 쥔다.

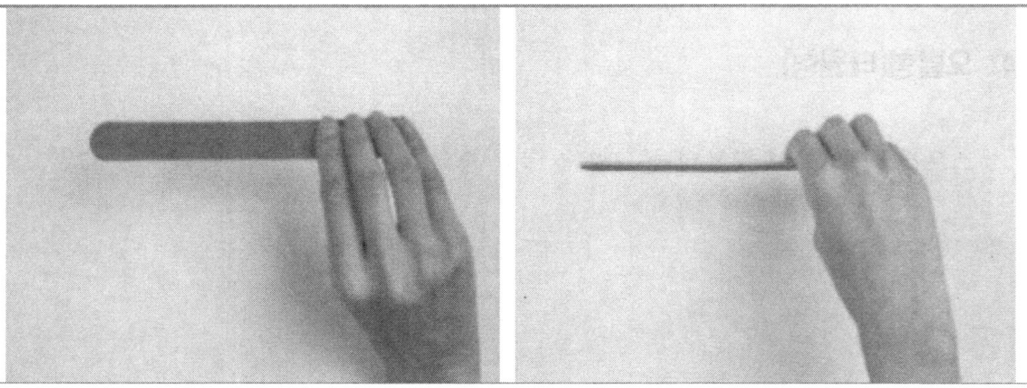

네일 파일 잡는 방법

2) 고객의 손을 잡는다.

① 엄지와 중지로 작업자의 손가락 3번째 마디와 네일의 바디 부분을 같이 잡는다.
② 검지로 작업 손가락이 흔들리지 않도록 받쳐준다.
③ 네일 파일링 시 손톱이 흔들리지 않도록 가볍게 네일 바디와 작업 손가락을 고정한다.
④ 고객의 프리에지가 길고 긴 형태의 유지를 원한 경우 약지로 프리에지가 흔들리지 않도록 프리에지 아랫면을 받쳐준다.

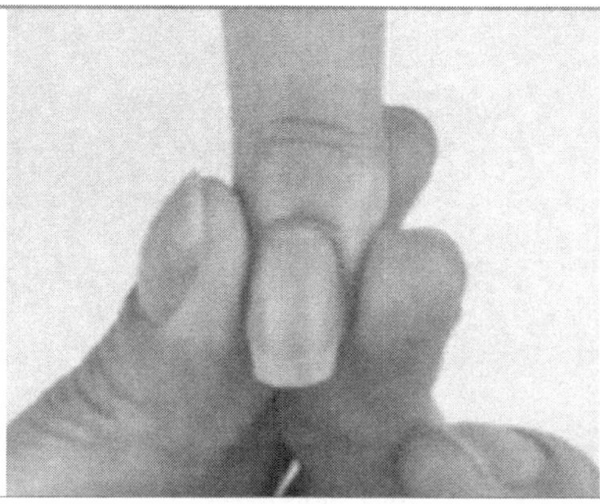	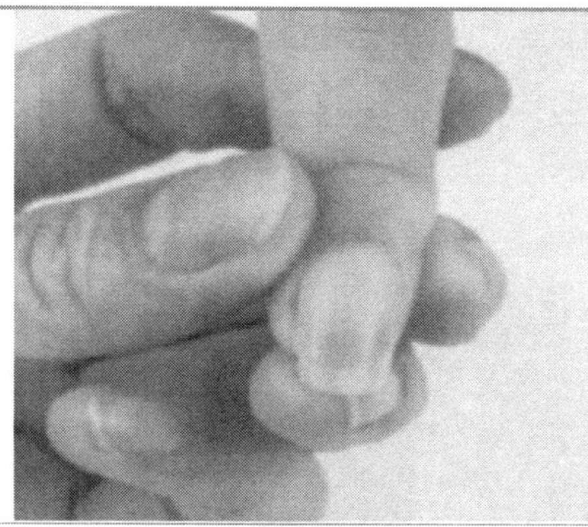
짧은 프리에지	긴 프리에지
고객 손가락 잡는법	

3) 네일의 길이 조절을 위하여 네일파일을 사용한다.

네일 파일을 프리에지에 90°로 세워서 가볍게 긋듯이 한 방향으로 파일링한다.

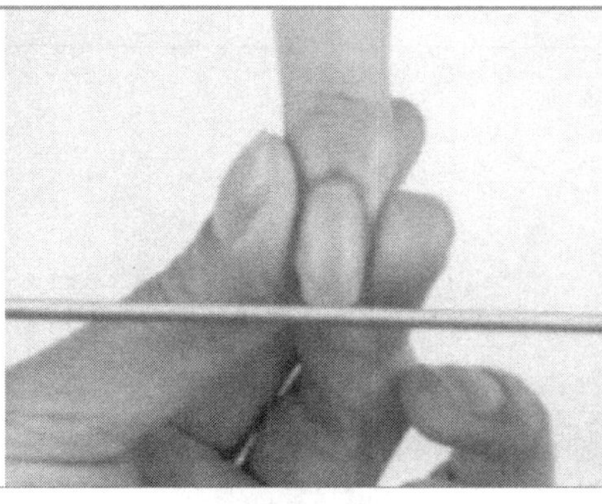	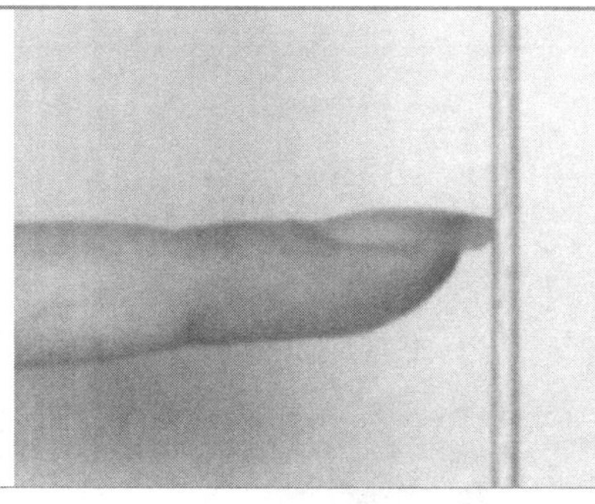
네일 길이조절	네일 파일링

4) 네일의 정면 직선라인 정리를 위해 네일 파일을 사용한다.

① 네일 바디의 정면 직선라인을 네일 파일링 할 때는 파일을 가볍게 한 방향을 유지하며 선을 긋듯이 작업한다.

② 고객의 손을 잡고 작업자의 몸 쪽으로 한 방향으로 당겨주면서 가볍게 일직선을 그리듯이 네일 파일링한다.

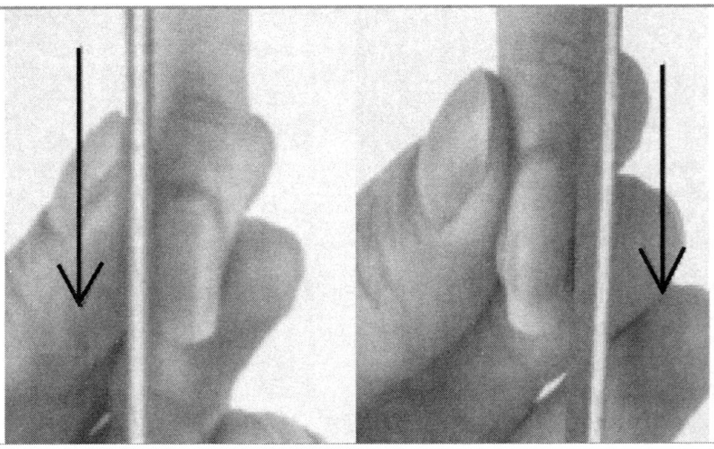

정면 직선라인 정리 네일 파일링

5) 네일의 옆면 직선라인 정리를 위해 네일 파일을 사용한다.

① 고객의 손가락을 돌려 옆면 직선라인을 확인하면서 네일 파일링한다.
② 네일 파일을 옆면 직선라인과 프리에지의 아랫면에 선 긋듯 한 방향 정리한다.

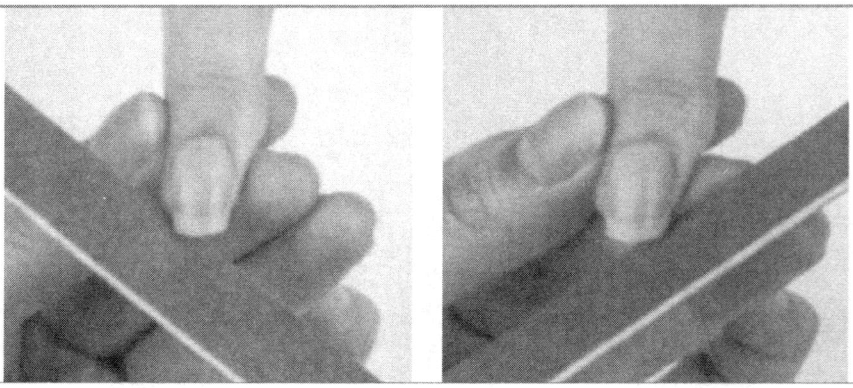

옆면 직선라인 정리

2 네일 표면을 정리하기

1) 샌딩 파일을 바르게 잡는다.

① 샌딩 블럭(버퍼)은 엄지와 약지로 양 옆을 가볍게 쥐고 나머지 손가락은 모아 쥔다.

② 샌딩 파일의 1/3지점을 검지와 중지사이에 네일 파일을 끼우고 엄지로 반편의 네일 파일 위를 가볍게 얻는다.

③ 샌딩 파일의 끝 부분을 엄지와 중지로 가볍게 쥐고 나머지 손가락을 가지런히 얻는다.

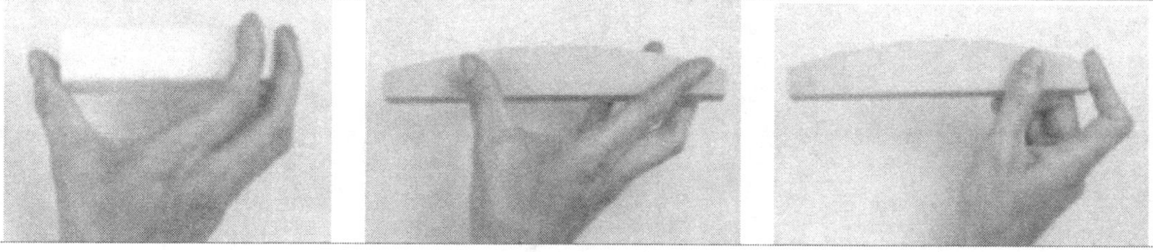

샌딩 파일 그립법

2) 고객의 손을 잡는다.

3) 샌딩 블럭으로 네일의 표면을 가볍게 표면 정리한다.

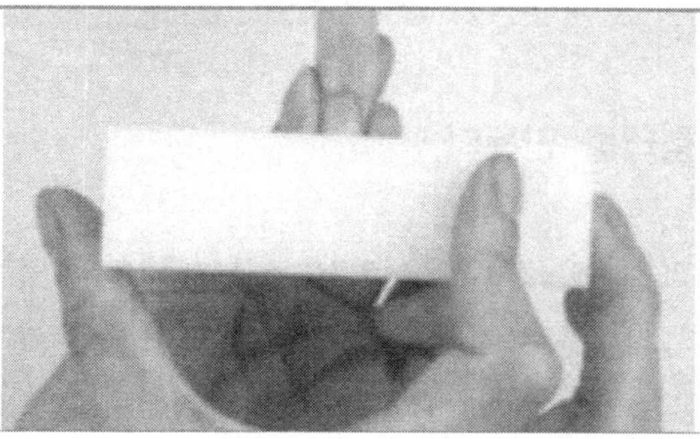

샌딩버퍼 표면정리

4) 샌딩 파일로 네일의 표면을 가볍게 표면 정리한다.

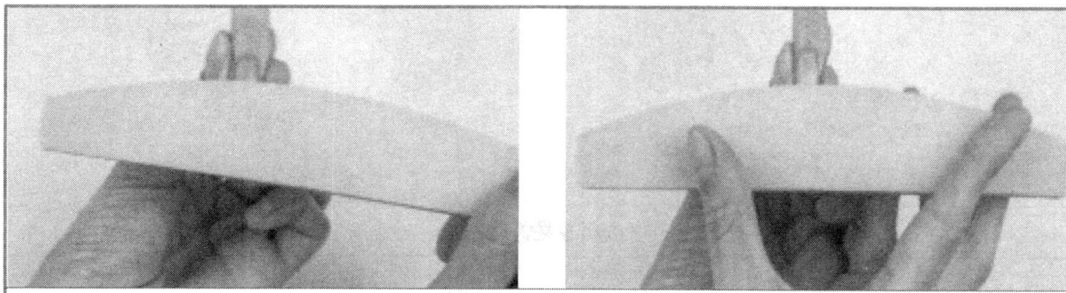

샌딩 파일 표면정리

③ 프리에지 형태 파일링하기

1) 스퀘어형 형태를 만든다.

네일 파일을 프리에지에 붙이고 90°로 세워서 가볍게 긋듯이 한 방향으로 작업한다.

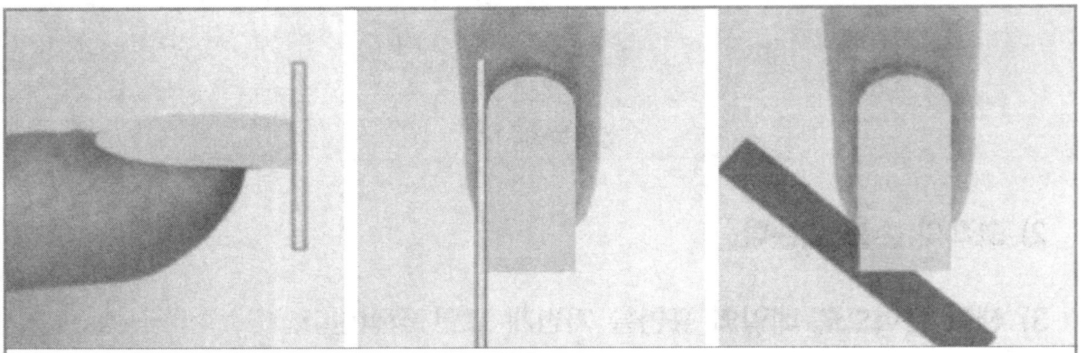

스퀘어형 파일링

2) 스퀘어 오프형 형태를 만든다.

① 프리에지 모서리를 45° 전후로 뉘여서 조금씩 네일 파일링한다.
② 프리에지 3면이 직선을 유지하고 모서리만 제거되었는지 확인한다.

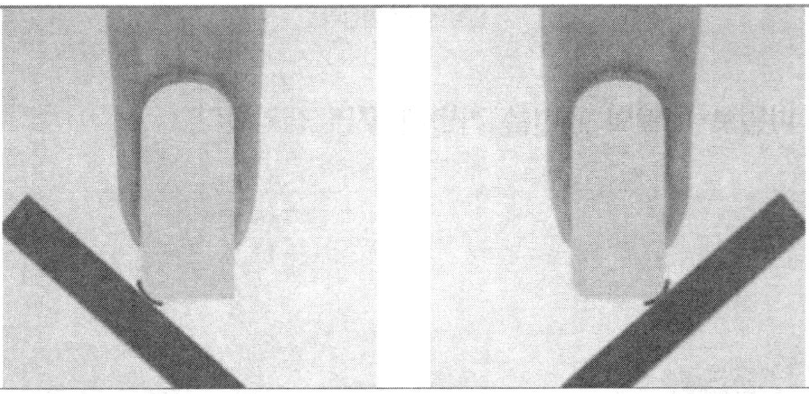

스퀘어 오프형 파일링

3) 라운드형 형태를 만든다.

① 네일 파일을 45° 각도를 유지하면서 중심으로 이동하면서 한 방향으로 작업한다.
② 프리에지 옆면의 직선부분이 유지되어 있는지 확인한다.

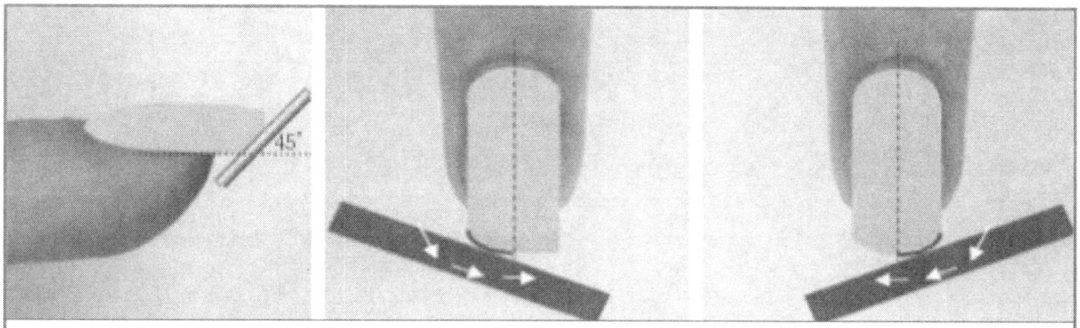

라운드형 파일링

4) 오발형 형태를 만든다.

① 스트레스 포인트에서부터 중심방향으로 한 방향을 유지하며 굴리면서 네일 파일링을 시작한다.
② 네일 파일링 시 45° 각도를 유지하면서 중심으로 이동한다.

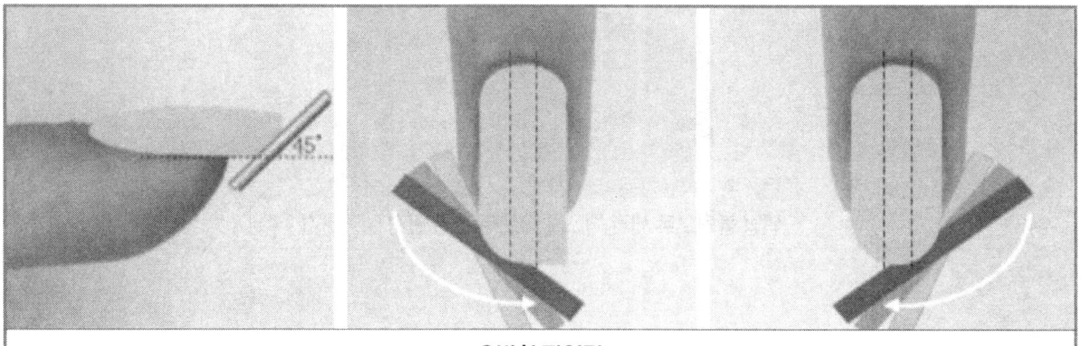

오발형 파일링

5) 포인트형(아몬드형) 형태를 만든다.

① 네일 파일링 시 45° 각도를 유지하면서 프리에지의 가운데에 위치한 포인트 지점을 연결한다.

② 스트레스 포인트부터 각과 직선이 없이 뾰족한 느낌의 형태를 확인한다.

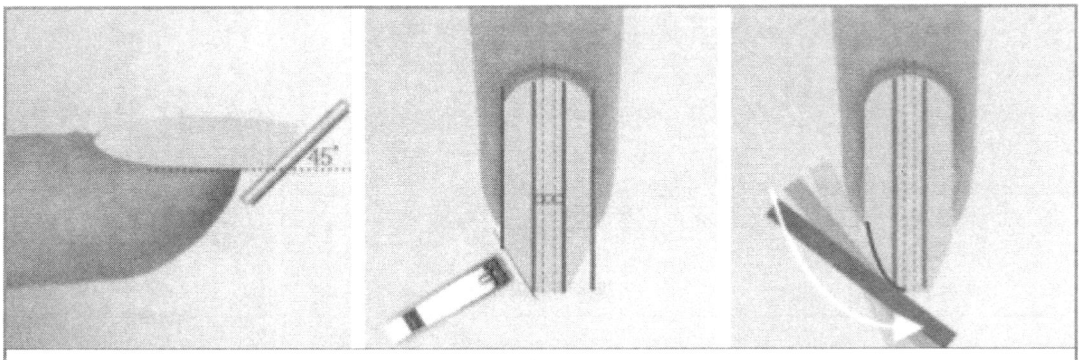

포인트형 파일링

6) 거스러미를 정리한다.

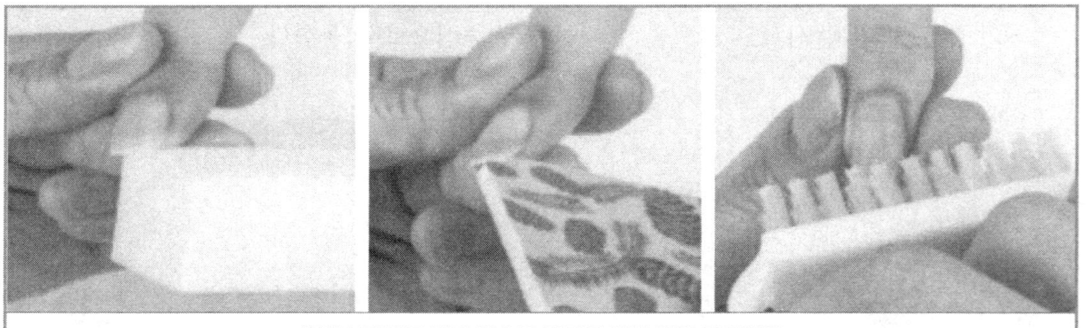

샌딩 블럭으로 제거 디스크 패드로 제거 먼지 털어내기

네일 구조와 명칭 실습

네일의 정면 구조

구조의 명칭

프리에지 형태 실습

모양	이름	특징
	(　　　　) Square nail	• 강한 느낌의 사각형태
		• 네일의 양끝 모서리 부분이 90° 사각의 형태이다.
		• (　　　　　　　　　　　　　　　　)
		• 발톱의 형태 활용
		• 내인성 발톱의 보정시에 적용
	(　　　　) Square off nail	• 사각 네일에서 양끝 모서리만 부드럽게 만든 것이다.
		• (　　　　　　　　　　　　　　　　)
		• 발톱의 형태, 손톱의 형태에 많이 활용된다.
		• 세련되고 도회적인 느낌이다.
		• 내구성이 강함
	(　　　　) Round nail	• 스트레스포인트에서부터 프리에지까지 직선
		• 프리에지 각이 없는 형태
		• 원의 일부를 옮겨다 놓듯이 표현
		• (　　　　　　　　　　　　　　　　)
	(　　　　) Oval nail	• 스트레스포인트에서부터 각이 없는 곡선의 형태이다.
		• (　　　　　　　　　　　　　　　　)
		• 우아한 아름다움이 매력이다.
	(　　　　) Point/Almond nail	• 손이 길고 가늘어 보인다.
		• (　　　　　　　　　　　　　　　　)
		• 오발과 유사하나 끝이 더 뾰족하다.
		• 길고 뾰족한 스틸레토쉐입도 이에 속한다.

교수·학습 방법

1 교수 방법

① 네일 구조, 파일 종류, 네일 형태, 네일 형태 잡는 방법 등의 내용을 자료와 함께 설명한다.

② 네일 파일은 종류별로 준비하여 직접 학생들이 만져보고 거칠기의 차이점을 느낄 수 있도록 한다.

③ 네일 파일별 사용방법과 적용 부위를 함께 설명한다.

④ 네일 형태별로 프리에지 형태 만들기 방법은 교수자의 시연을 통해 조금 더 상세하게 설명한다.

⑤ 수업 시 진행되는 팁 작업은 개인별 포트폴리오 결과물로 이어지도록 한다.

2 학습 방법

① 프리에지 형태 만들기를 위해 필요한 네일의 구조와 명칭을 숙지한다.

② 네일의 다양한 형태를 이해하고 분류한다.

③ 팀별 작업 시, 작업자와 고객의 관계를 설정한다.

④ 프리에지 형태 만들기에 고려되어지는 사항에 대해 설명한다.

⑤ 적합한 네일 파일을 선택해서 프리에지 형태 만들기를 해본다.

평가

1 평가 준거

평가자는 학습자가 수행준거 및 평가항목에 제시되어 있는 내용을 성공적으로 수행하였는지를 평가해야 한다.

2 평가 방법

평가자 체크리스트				
학습 내용	평가 항목	성취 수준		
		상	중	하
네일 파일에 대한 이해와 활용	- 작업 매뉴얼에 따라 네일 파일링을 사용할 수 있다.			
	- 네일 상태에 따라 표면을 정리할 수 있다.			
프리에지 형태 네일 파일링	- 고객의 요구에 따라 프리에지 형태를 만들 수 있다.			
	- 프리에지 밑 거스러미를 정리할 수 있다.			

피드백 평가자 체크리스트

수행준거에 근거한 항목별 평가자 체크리스트를 참고하여 평가한다.

6주차

큐티클 정리하기 1

학습모듈 개요

고객의 네일 보호와 미적 요구 충족을 위하여 효과적인 네일 관리로 프리에지 형태 만들기, 큐티클 정리하기, 컬러링하기, 보습제 도포하기, 마무리를 할 수 있다.

학습 목표

① 작업 매뉴얼에 따라 핑거볼에 손 담그기를 할 수 있다.
② 작업 매뉴얼에 따라 족욕기에 발 담그기를 할 수 있다.
③ 작업 순서에 따라 도구를 선택할 수 있다.

학습 내용

❶ 네일 기본관리 도구

매니큐어	공 통				페디큐어
작업대	정리 바구니				작업대
	소독용기	파일꽂이	개별용기	개별정리	
팔받침대 타월 핑거볼 위생봉투 키친타올	오렌지우드스틱 큐티클 니퍼 메탈 푸셔 더스트 브러시 클리퍼	우드 파일 샌딩 버퍼 광택용 파일 페디파일 180그릿네일 파일	탈지면통(대형) 탈지면통(소형) 멸균거즈 키친타올 스펀지(소형)	베이스코트 톱코트 네일폴리시 스킨소독제 지혈제 큐티클리무버 큐티클 오일 폴리시리무버 젤 클리너 등	발받침대 타월 족욕기 위생봉투 키친타월

❷ 네일 기본관리 매뉴얼

① 네일 형태 만들기
② 큐티클 연화하기
③ 큐티클 정리하기
④ 소독하기
⑤ 유분기 제거
⑥ 컬러링 하기
⑦ 마무리 하기

수행 내용

1 네일 기본관리 테이블 세팅하기

1) 작업대 준비하기

수건 위에 키친타월을 깔고 손목 받침을 준비한다. 책상 아래쪽에 위생 봉투를 테이프로 고정한다. 작업자가 편한 방향으로 작업 바구니를 놓는다. 습식의 매니큐어의 경우 핑거볼을 놓는다.

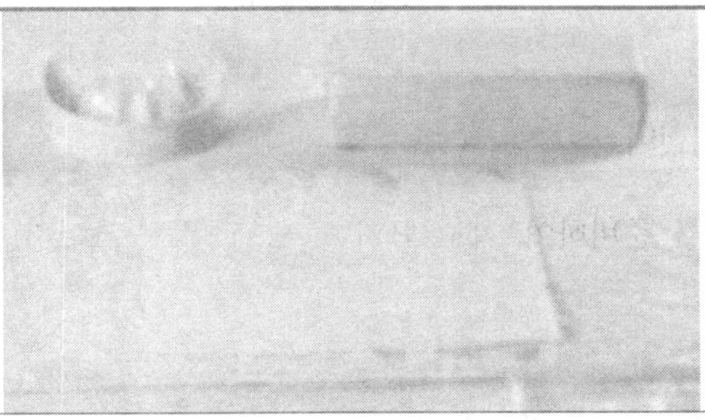

매니큐어 작업 준비

2) 작업 바구니 세팅하기

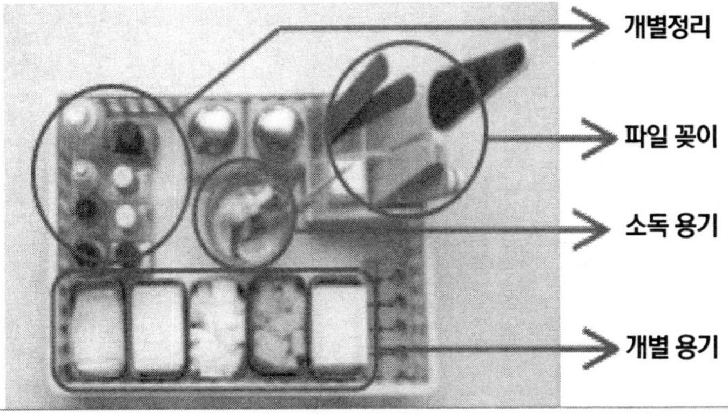

네일 기본관리 바구니 정리

(1) 소독 용기 정리한다.

① 소독 용기를 준비하여 바닥에 탈지면을 깐다.
② 알콜 희석액을 용기에 2/3정도 채운다.
③ 도구(푸셔, 니퍼, 오렌지우드스틱을)를 담군다.

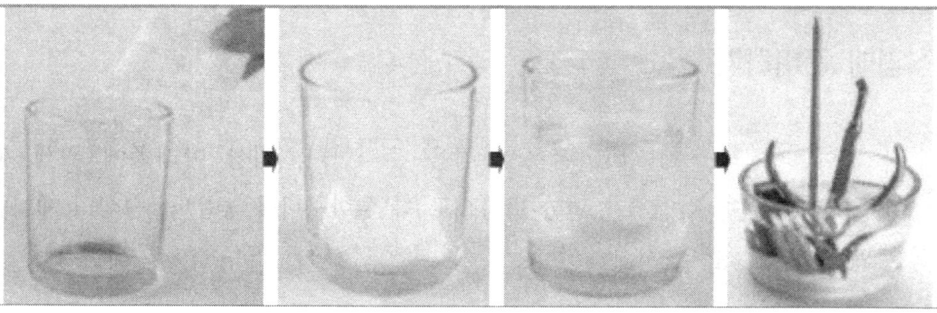

소독 용기 준비

(2) 개별 용기 정리한다.

뚜껑 있는 용기를 준비하여, 재료(탈지면, 멸균 거즈, 스펀지)를 넣고 뚜껑을 닫는다.

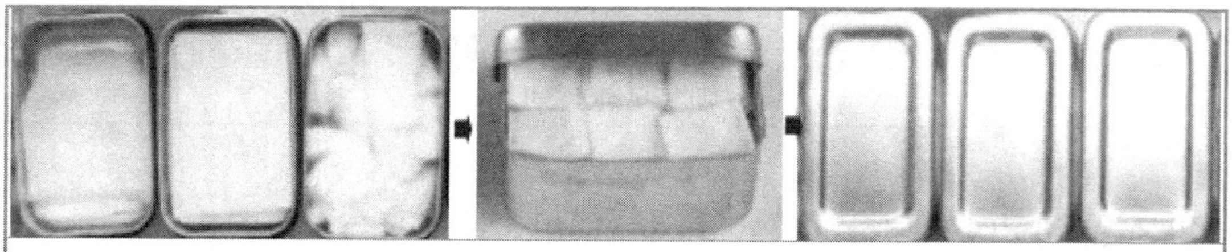

용기 소모품 준비

3) 파일 꽂이와 개별 물품을 정리한다.

	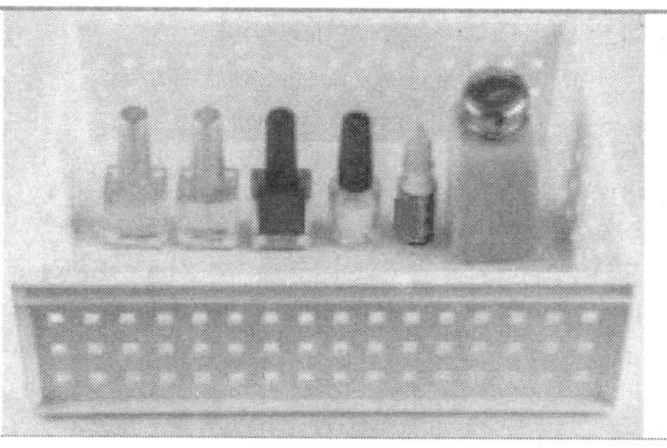
파일 꽂이 정리하기	개별 재료 정리하기

② 네일 기본관리 매뉴얼하기

1) 네일 형태를 만든다.

① 180그릿의 우드 파일을 이용하여 한 방향으로 네일 파일링한다.
② 샌딩 블럭 또는 샌딩 파일로 세로방향으로 네일 표면을 정리한다.
③ 샌딩 블럭이나 디스크 패드를 이용하여 프리에지의 거스러미를 제거한다.
④ 더스트 브러시로 네일 가루를 프리에지 방향으로 털어낸다.

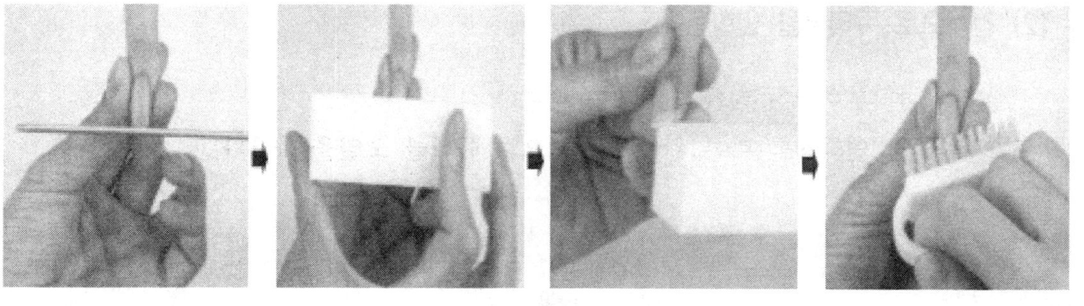

2) 큐티클을 연화한다.

(1) 습식으로 큐티클을 연화한다.

• 손 담그기

① 핑거볼의 미온수에 손의 말절골(손톱마디) 이상을 담근다.

② 5분 이내로 습식연화를 마치고 타월로 물기를 제거한다.

③ 큐티클 부위에 큐티클 오일을 선택적으로 바른다.

• 발 담그기

① 족욕기의 미온수에 발등 이상이 담기도록 발을 담근다.

② 10분 이내 습식연화를 마치고 타월로 물기를 제거한다.

③ 큐티클 부위에 큐티클 오일을 선택적으로 바른다.

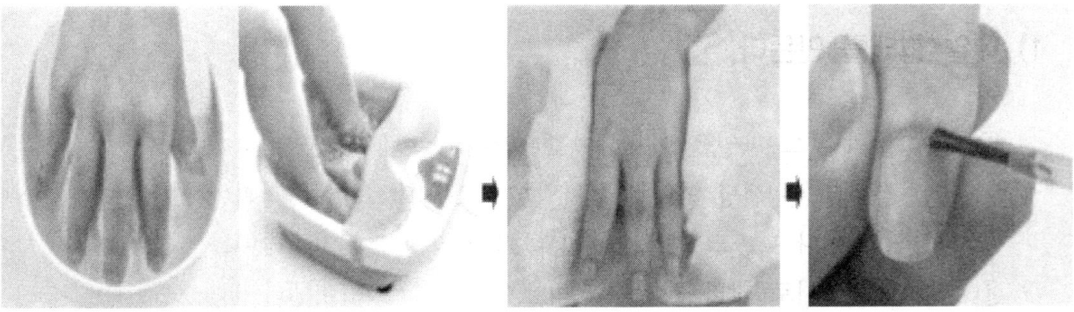

(2) 건식으로 큐티클을 연화한다.

① 큐티클 부위에 큐티클 연화제를 바른다.

② 큐티클 연화제를 바른 위에 선택적으로 큐티클 오일을 바른다.

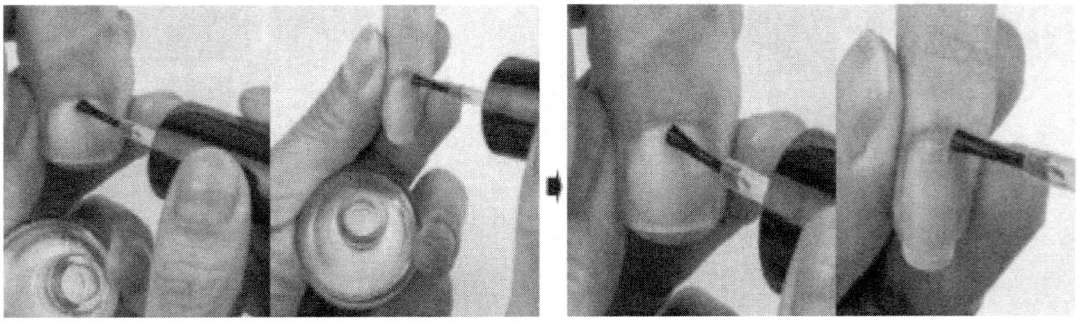

작업 테이블 준비 상태 실습

이미지

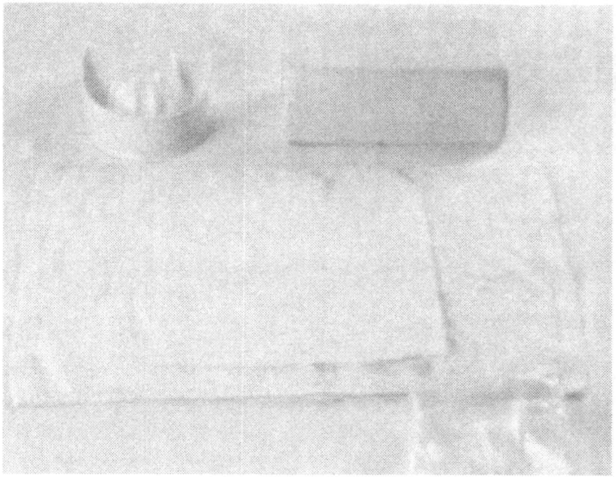
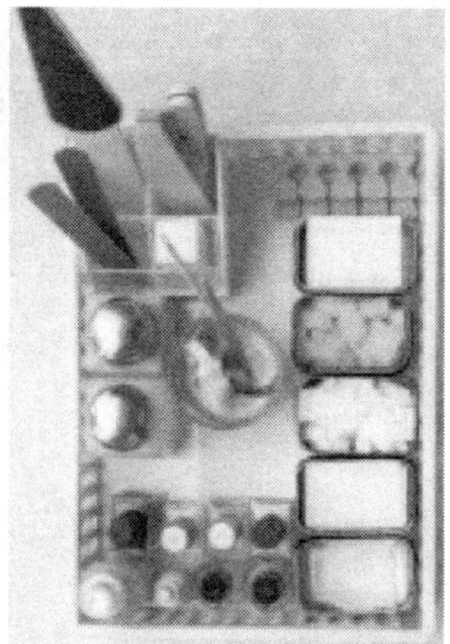

사진

준비물

7주차

큐티클 정리하기 2

학습모듈 개요

고객의 네일 보호와 미적 요구 충족을 위하여 효과적인 네일 관리로 프리에지 형태 만들기, 큐티클 정리하기, 컬러링하기, 마무리를 할 수 있다.

학습 목표

① 고객의 큐티클 상태에 따라 유연제를 선택하여 사용할 수 있다.
② 고객의 큐티클의 상태에 따라 큐티클을 정리할 수 있다.

학습 내용

1 큐티클 주변 구조의 이해

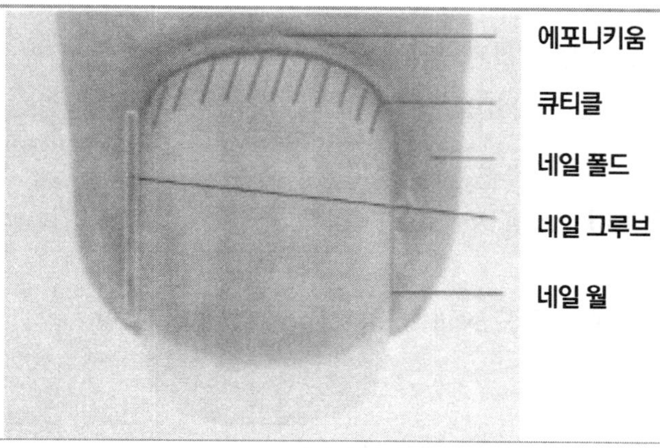

큐티클 정리를 위한 네일 구조

1) 에포니키움(Eponychium)

① 네일(네일 바디)이 자라나는 분위 바로 위에 위치한 피부 조직
② 혈관과 신경이 연결되어 있는 피부 조직
③ 큐티클 정리 작업 시 상처가 나면 피가 나는 부위

2) 큐티클(Cuticle)

① 네일 루트에서부터 시작되어 매트릭스와 네일 바디 경계선에 존재
② 루눌라를 덮고 있는 피부 조직
③ 에포니키움과 네일 바디 사이에 형성된 얇은 각질막
④ 네일 루트와 매트릭스를 세균으로부터 보호하는 역할

3) 네일 폴드(Nail Fold)

① 네일 바디를 밀어주며 단단한 방어막을 형성하는 피부
② 네일 바디의 윗부분과 옆선에 맞추어 형성

4) 네일 그루브(Nail Groove)

① 네일 그루브 고랑과 연결된 피부주름
② 옆면 네일 폴드(Nail fold)의 접힌 면

5) 네일 월(Nail Wall)

네일 바디 옆선과 네일 폴드(Nail fold) 사이에 형성된 고랑

2 매니큐어 방법과 큐티클 유연화 방법

상 태	매니큐어	도구 및 재료	큐티클 연화	방 법
건강한 큐티클	습식	핑거볼 / 물	습식연화	• 물을 이용하여 큐티클을 연화
	건식	큐티클 유연제	제품연화	• 제품으로 큐티클을 연화 • 네일 연장 작업 시 활용
건조한 큐티클	혼합식	핑거볼 / 물 / 큐티클 유연제	습식연화 +제품연화	• 제품과 물을 동시에 이용하면 큐티클을 연화
	핫 크림	크림워머기 / 크림	로션(크림) 연화	• 크림을 이용한 큐티클을 연화 • 손의 상태 유연화 시킴

3 큐티클 정리 도구의 이해

1) 소독 용기(투명 유리용기, 메탈용기 등)

작업도구의 멸균을 위해 사용하며 유리나 메탈소재 등 스크래치로 인한 세균번식이 어려운 소독 용기를 준비한다.

2) 큐티클 푸셔(메탈 푸셔, 스톤 푸셔, 오렌지우드스틱)

큐티클을 밀어 올릴 때 사용하는 도구로 소독이 용이한 메탈 푸셔를 사용하나 네일 바디가 예민한 경우 오렌지우드스틱을 선택하며 사용하며 작업 후 폐기한다.

3) 큐티클 니퍼(니퍼의 형태별, 길이별, 니퍼 날의 소재별, 크기별 다양함)

큐티클 정리 시 사용하는 도구로 소독이 용이한 메탈로 되어 있다. 니퍼의 형태에 따라 외발니퍼와 양발니퍼로 구분되며 메탈소재와 니퍼 날의 크기에 따라 나누어 구분된다.

다양한 푸셔 종류

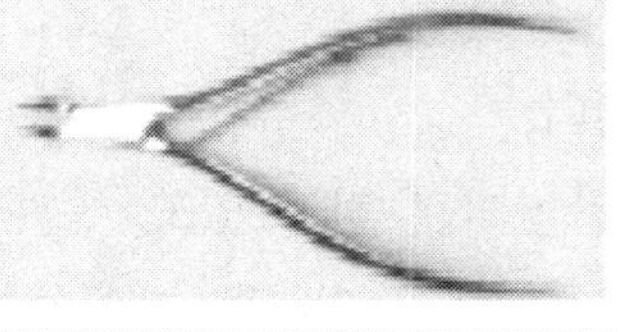

외발 큐티클 니퍼

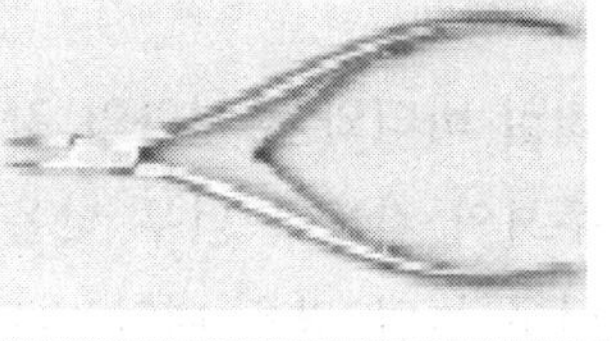

양발 큐티클 니퍼

수행 내용

1 큐티클 관리하기

1) 유연제를 사용한다.

2) 큐티클을 밀어준다.

① 푸셔를 바르게 잡는다.
푸셔를 연필 잡듯이 엄지와 중지로 가볍게 잡고 검지를 푸서 윗면에 가볍게 얻어 준다.

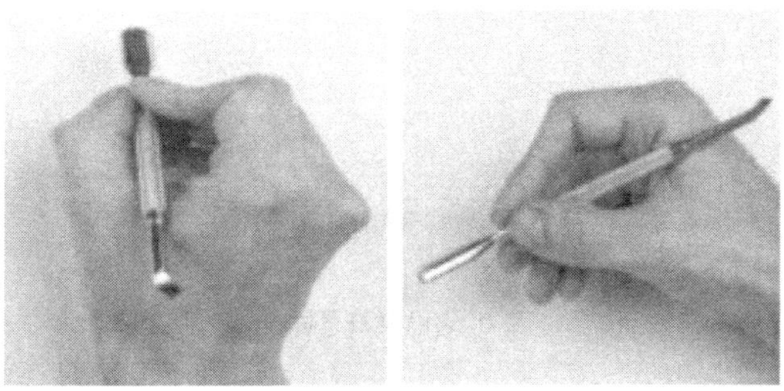

[푸셔 그립법]

② 네일 바디와 푸셔와의 각도를 45°정도 유지한다.
푸셔의 각도가 너무 낮을 경우 깊이 들어가 감염의 우려가 있고 푸셔의 각도를 너무 높일 경우 네일 바디가 긁힐 수 있으니 각도에 유의하여 작업한다.

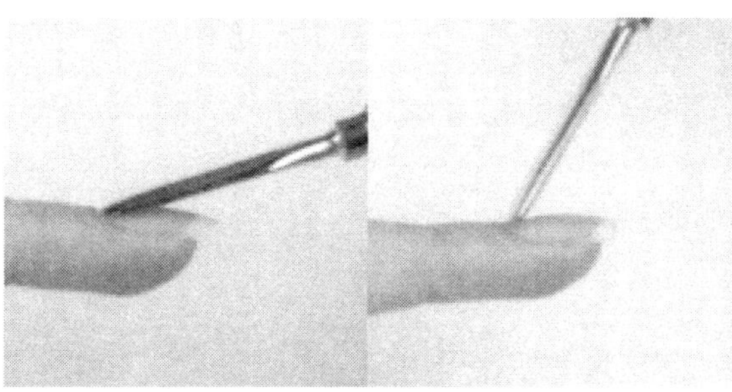

[높거나 낮은 각도]

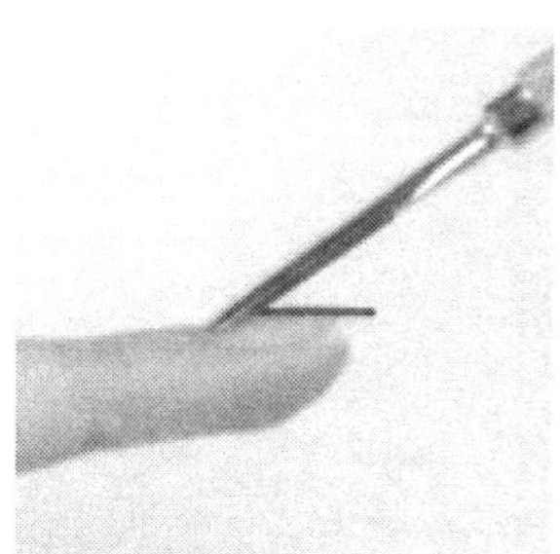

[푸셔의 올바른 각도]

③ 큐티클 라인을 따라 가볍게 올려준다.

푸셔의 각도를 유지하면서 상하로 가볍게 밀어 올린다. 푸셔로 작은 원을 그리듯 네일 능선의 곡선을 따라 동글려 주며 연결하듯 큐티클을 올려주는 작업을 한다.

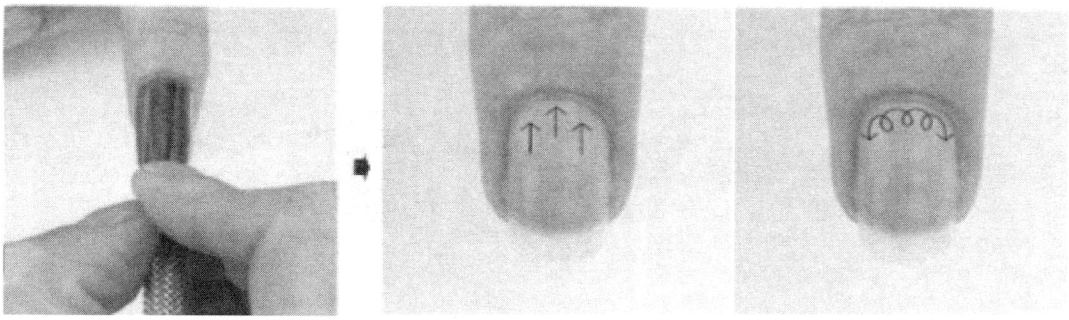

[큐티클 라인 푸셔 작업 방향]

3) 큐티클을 제거한다.

① 니퍼를 바르게 잡는다.

손바닥 위에 니퍼의 날이 아래로 향하도록 올려놓고 가볍게 쥔다. 니퍼의 결합 부분이 아래 쪽 검지마디로 받치고 위에 엄지를 가볍게 얹어놓는다.

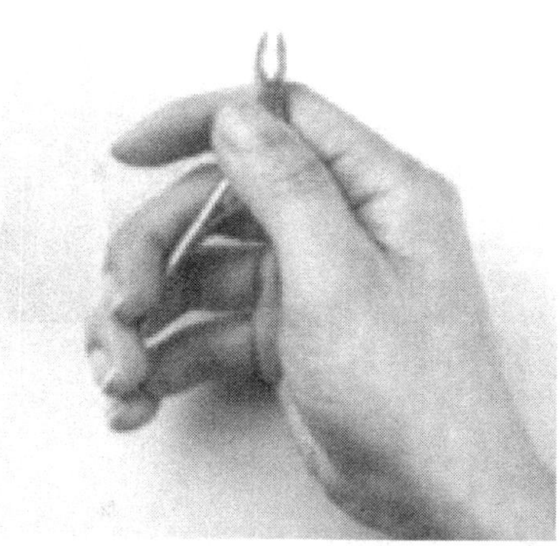

[니퍼 잡는 방법]

② 니퍼의 날과 에포키움 라인의 평행을 맞춘다.

니퍼의 날을 에포니키움 라인에 맞추어 평행이 되도록 한 후 뒤로 빼듯이 잘라낸다.

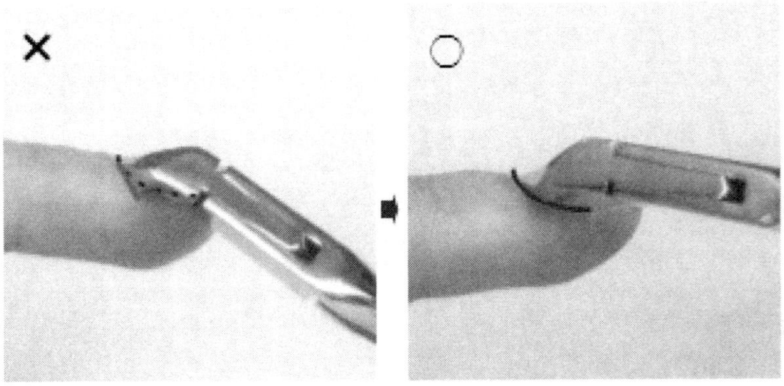

[니퍼 날과 에포니키움 라인의 각도 맞추기]

③ 에포니키움 라인을 따라 큐티클을 제거한다.

오른손잡이의 경우 오른쪽에서 왼쪽방향으로 에포니키움의 2/3부분까지 한 방향으로 움직이며 작업한다. 다시 반대방향으로 나머지 1/3을 연결하여 잘라준다.

4) 멸균 거즈에 스킨 소독제를 뿌리고 정리된 큐티클라인을 소독한다.

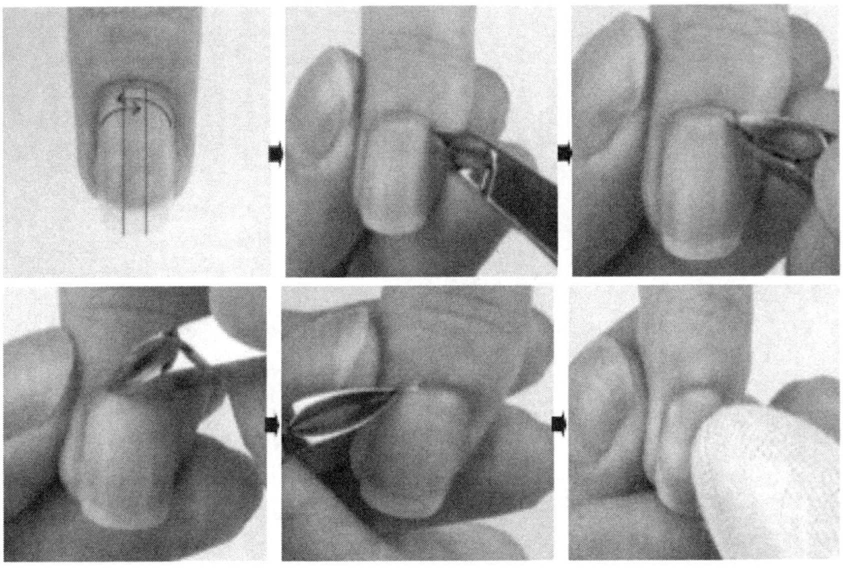

[큐티클 제거하기와 소독]

네일 구조와 명칭 실습
큐티클 주변의 구조
구조의 명칭

교수·학습 방법

1 교수 방법

① 큐티클 정리하기에 필요한 재료와 도구들은 실물 재료를 준비하여 설명과 함께 이해하기 쉽도록 한다.
② 큐티클 정리하기 매뉴얼의 설명과 더불어 어느 부위를 정리해야 하는지의 구분을 명확히 설명한다.
③ 큐티클 정리하기 방법을 데모를 통해 조금 더 상세하게 설명한다.
④ 도구의 위험성을 강조하며 조심히 다룰 것을 명시한다.
⑤ 2인 1조 진행 시, 작업자와 고객의 역할을 정해 공식적인 분위기를 조성한다.
⑥ 테이블 세팅이 원활하게 이루어지도록 한다.

2 학습 방법

① 큐티클 정리하기에 필요한 재료와 도구를 숙지하고 사용 방법을 익힌다.
② 큐티클 정리 부위에 한 자료와 작업 매뉴얼을 자료로 정리한다.
③ 2인 1조 작업 시, 작업자와 고객의 관계를 설정한다.
④ 큐티클 정리할 때 주의해야 되는 사항에 대해 이해한다.
⑤ 작업 매뉴얼에 따라 큐티클 정리하기를 해본다.
⑥ 큐티클 정리하기의 공식적인 분위기를 체험한다.

평가

1 평가 준거

평가자는 학습자가 수행준거 및 평가항목에 제시되어 있는 내용을 성공적으로 수행하였는지를 평가해야 한다.

2 평가 방법

평가자 체크리스트				
학습 내용	평가 항목	성취 수준		
		상	중	하
네일 기본관리 매뉴얼 이해	- 작업 매뉴얼에 따라 핑거볼에 손 담그기를 사용할 수 있다.			
	- 작업 매뉴얼에 따라 족욕기에 발 담그기를 사용할 수 있다.			
	- 작업 순서에 따라 도구를 선택할 수 있다.			
큐티클 관리	- 고객의 큐티클 상태에 따라 유연제를 선택하여 사용할 수 있다.			
	- 큐티클의 상태에 따라 큐티클을 정리할 수 있다.			

피드백 평가자 체크리스트

수행준거에 근거한 항목별 평가자 체크리스트를 참고하여 평가한다.

8주차

제1차 직무능력평가

제1차 직무능력평가서

담당교수		교과목명	기초네일미용실무
학 번		능력단위명 (능력단위코드)	네일 샵 위생 서비스 1201010401_14v2
이 름			네일 화장물 제거 1201010402_14v2
평가일자			네일 기본 관리 1201010403_14v2

영역 (능력단위요소)	평가내용(수행준거)	평가구분		판정	
		과정평가	결과평가	Y	N
미용 기구 소독하기 (1201010401_14v2.2)	2.2. 소독방법에 따라 네일 미용 기기를 소독할 수 있다.				
	2.3. 소독방법에 따라 네일 시술용 도구를 소독할 수 있다.				
손·발 소독하기 (1201010401_14v2.4)	4.3. 소독방법에 따라 시술자의 손 · 발을 소독할 수 있다.				
	4.4. 소독방법에 따라 고객의 손 · 발을 소독할 수 있다.				
제거 마무리하기 (1201010402_14v2.3)	3.2. 고객의 요구에 따라 모양과 길이에 맞게 마무리할 수 있다.				
	3.5. 화장물 처리 매뉴얼에 따라 제거 시 배출된 잔여물들을 처리할 수 있다.				
프리엣지 모양 만들기 (1201010403_14v2.1)	1.2. 고객의 요구에 따라 프리엣지 모양을 만들 수 있다.				
큐티클 정리하기 (1201010403_14v2.2)	2.1. 시술 매뉴얼에 따라 핑거볼에 손 담그기를 할 수 있다.				
	2.2. 시술 매뉴얼에 따라 족욕기에 발 담그기를 할 수 있다.				
소 계	25%				

영역(능력단위요소)	평가내용(K/S/A/T 포함 자율평가)	평가점수
프리엣지 모양 만들기 (1201010403_14v2.1)	• 기술 네일구조 파악능력 • 파일별 사용 능력 프리엣지 모양 다듬는 능력	
소 계	5%	
합 계	30%	

9주차

컬러링하기 1

학습모듈 개요

고객의 네일 보호와 미적 요구 충족을 위하여 효과적인 네일 관리로 프리에지 형태 만들기, 큐티클 정리하기, 컬러링하기, 보습제 도포하기, 마무리를 할 수 있다.

학습 목표

① 고객의 요구에 따라 네일 폴리시 색상의 침착을 막기 위한 베이스코트를 아주 얇게 도포할 수 있다.

② 작업 매뉴얼에 따라 네일 폴리시를 얼룩 없이 균일하게 도포할 수 있다.

③ 작업 매뉴얼에 따라 네일 폴리시 도포 후 컬러 보호와 광택 부여를 위한 톱코트를 바를 수 있다.

학습 내용

1 컬러링 매뉴얼

컬러링의 순서는 Base coating 1회 → Polishing 2회 → 칼라수정 → Top coating 1회 → 최종 수정의 순서로 한다.

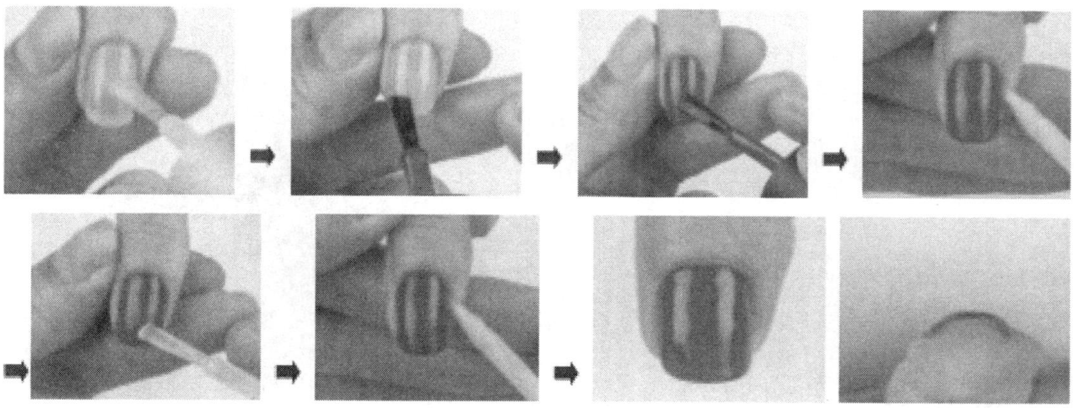

2 풀 코트 컬러링 방법

1) 일반적인 풀 컬러링

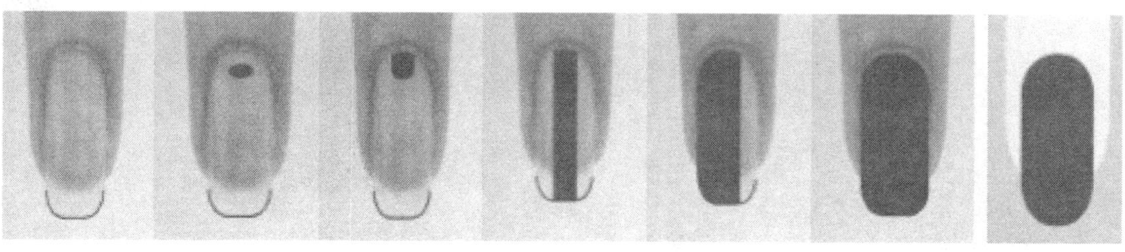

2) 한 방향 풀 컬러링

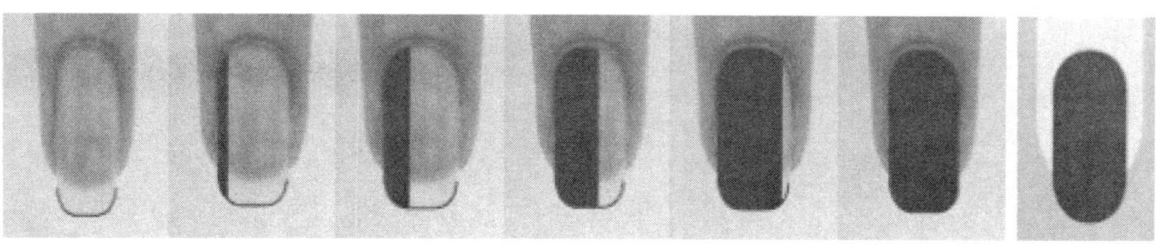

수행 내용

1 풀 코트 컬러링하기

1) 네일 폴리시를 바르게 잡는다.

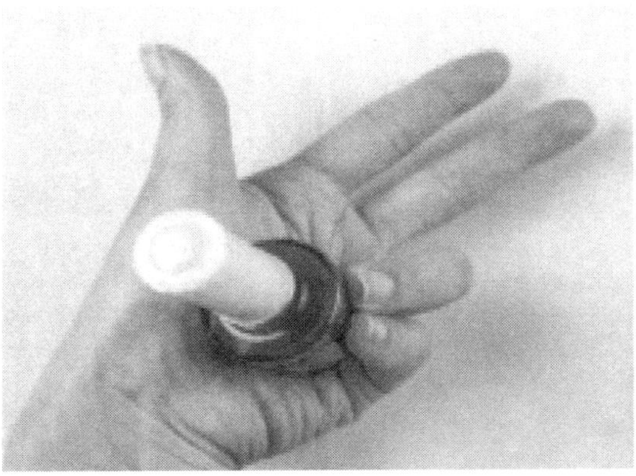
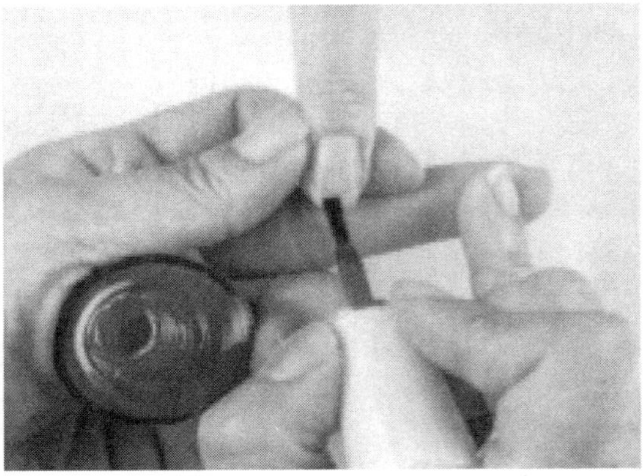

2) 네일 폴리시 양을 조절한다.

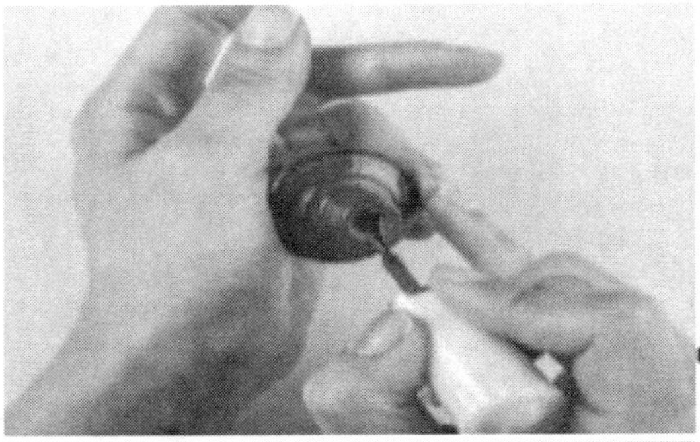
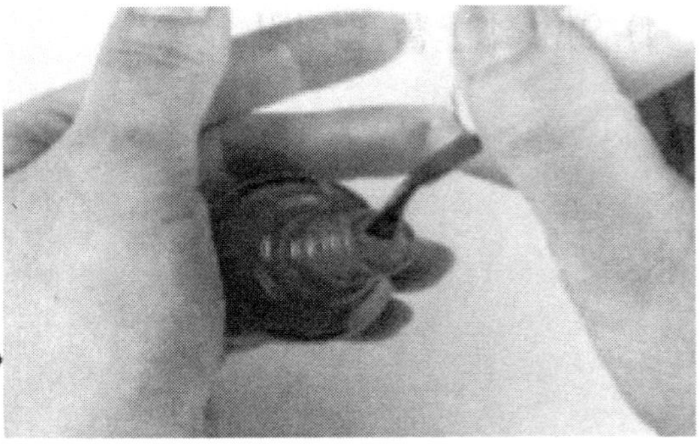
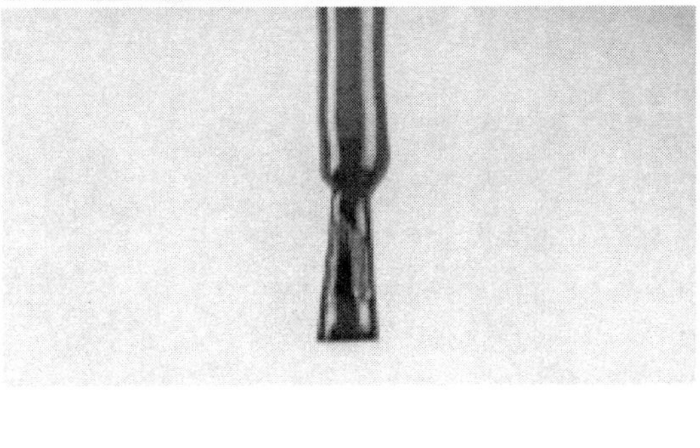
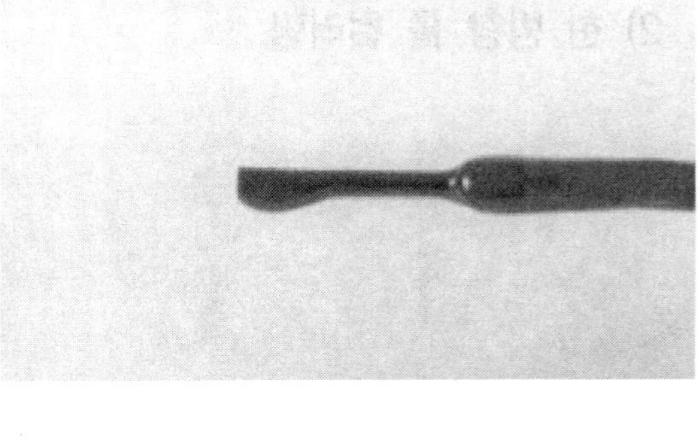

3) 풀 코트 컬러링하기

(1) 베이스 코트 도포하기

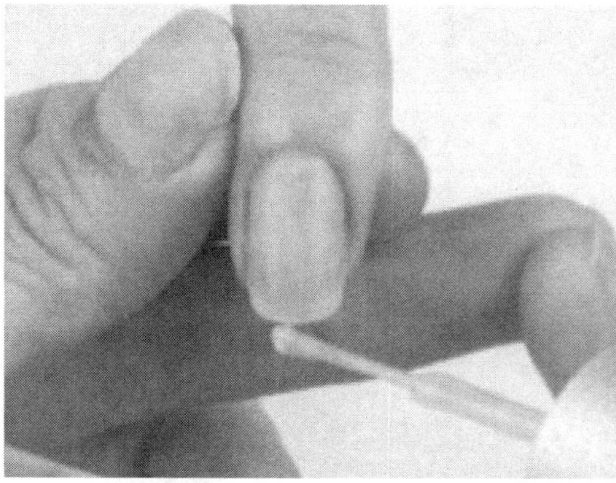

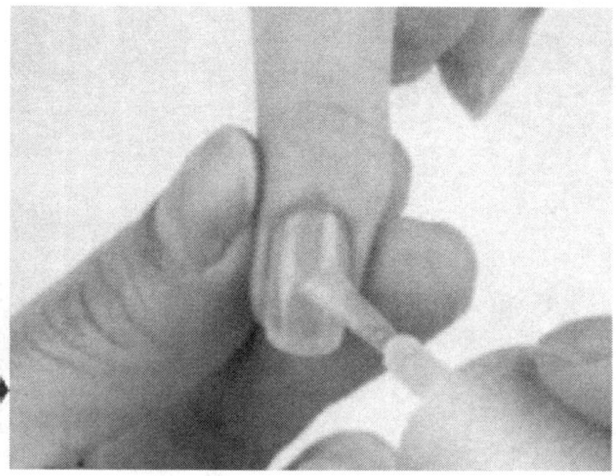

(2) 네일 폴리시 도포하기

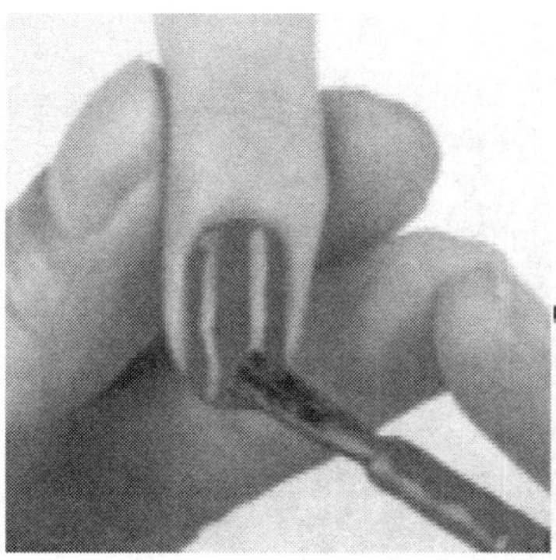

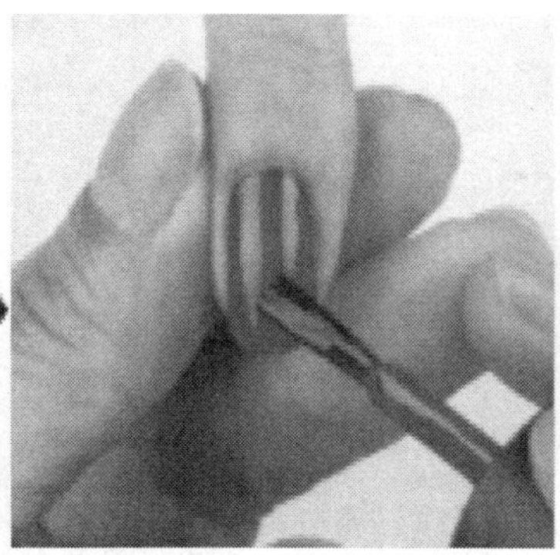

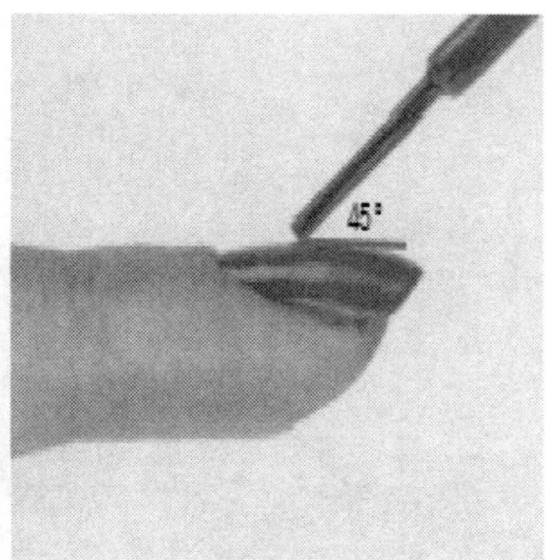

(3) 컬러링 수정하기

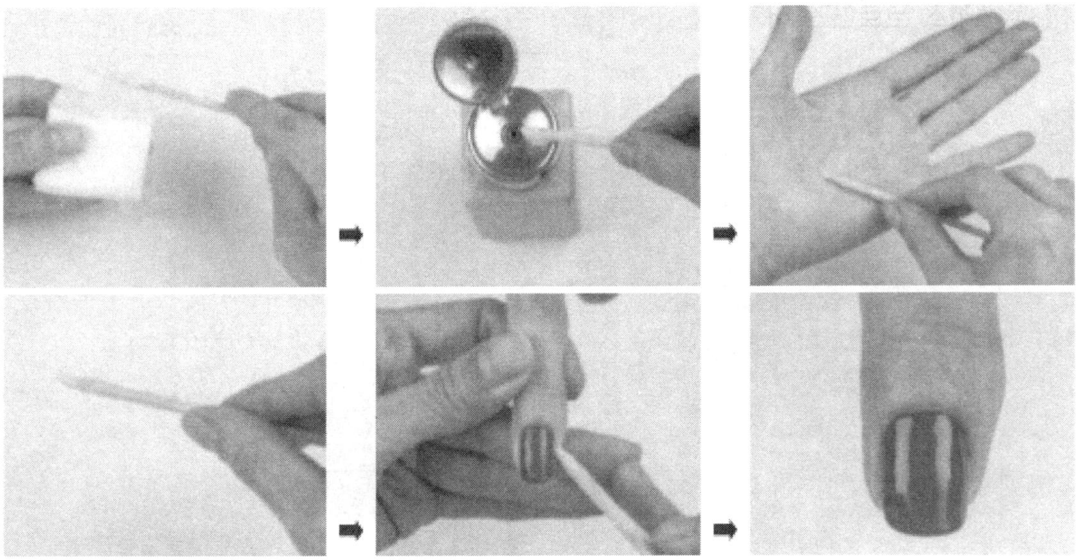

(4) 톱코트 도포하기

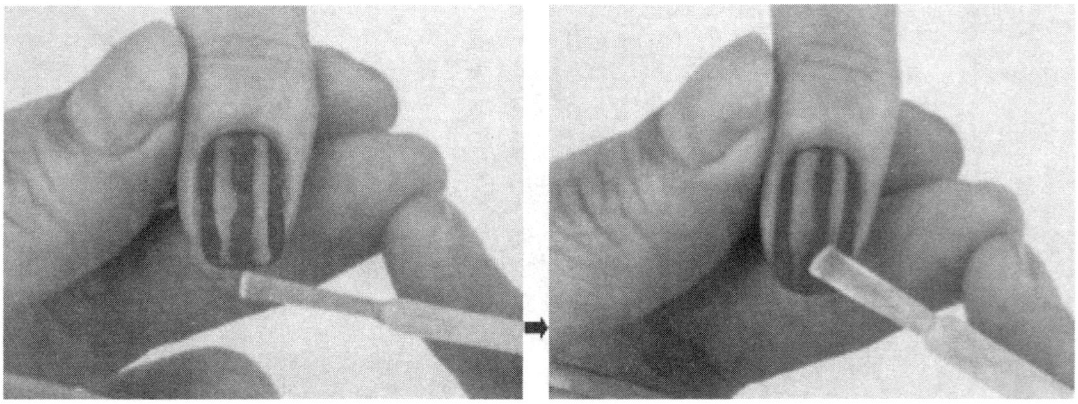

풀 코트(Full Coat) 컬러링 실습지	
풀 코트(Full Coat) 이미지	사진
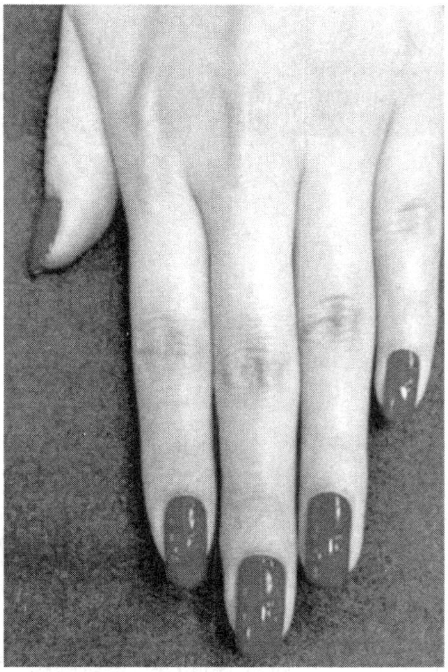	
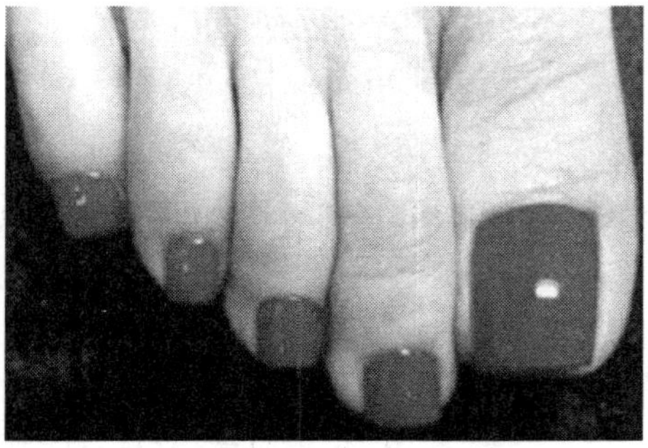	

10주차

컬러링 하기 2

학습모듈 개요

고객의 네일 보호와 미적 요구 충족을 위하여 효과적인 네일 관리로 프리에지 형태 만들기, 큐티클 정리하기, 컬러링하기, 마무리를 할 수 있다.

학습 목표

① 고객의 요구에 따라 네일 폴리시 색상의 침착을 막기 위한 베이스코트를 아주 얇게 도포할 수 있다.
② 작업 매뉴얼에 따라 네일 폴리시를 얼룩 없이 균일하게 도포할 수 있다.
③ 작업 매뉴얼에 따라 네일 폴리시 도포 후 컬러 보호와 광택 부여를 위한 톱코트를 바를 수 있다.

학습 내용

1 다양한 프렌치의 컬러링 방법

① 기본 프렌치 : 네일 바디의 1/5부위 옐로우 라인부터 프리에지까지 스마일라인 컬러링
② 딥 프렌치 : 네일 바디의 1/2 이상 부위부터 프리에지까지 스마일라인 컬러링
③ 루눌라 : 루눌라의 부분을 남기고 프리에지까지 스마일라인 컬러링

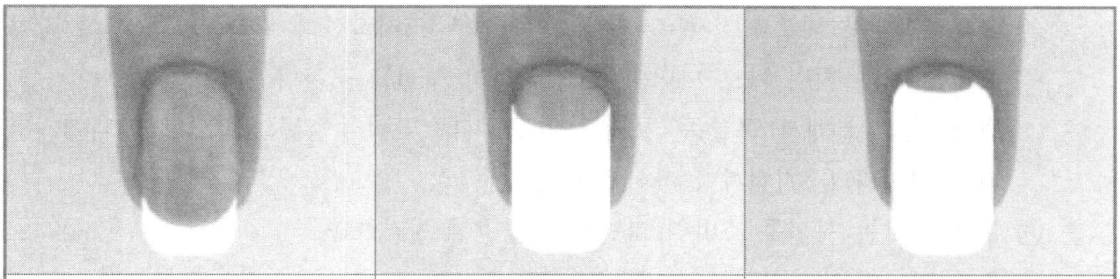

기본 프렌치	딥 프렌치	루눌라

④ 사선 프렌치 : 네일 바디의 왼쪽 월에서 반쪽 월 부분까지 사선으로 컬러링
⑤ 일자 프렌치 : 네일 바디의 왼쪽 월에서 반쪽 월 부분까지 직선으로 컬러링
⑥ 곡선 프렌치 : 네일 바디의 왼쪽 월에서 반쪽 월 부분까지 비칭을 곡선 컬러링
⑦ 응용 프렌치 : 다양한 형태로 네일 바디의 일부분을 디자인 하는 컬러링

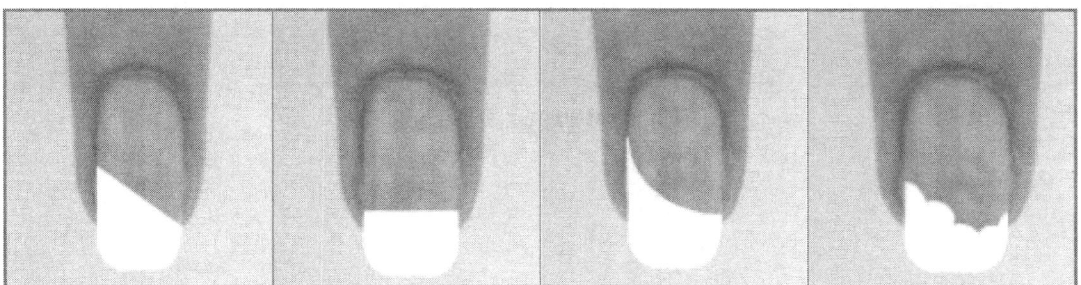

사선 프렌치	일자 프렌치	곡선 프렌치	응용 프렌치

수행 내용

1 프렌치 컬러링하기

1) 기본형 프렌치 컬러링

① 베이스 코트를 바른다.
② 화이트 네일 폴리시를 준비하여 브러시에 양조절을 한다.
③ 브러시의 각도는 손톱 표면과 45° 이상을 유지한다.
④ 오른손잡이를 기준으로 왼쪽 월을 1/3지점에서 시작하여 왼쪽에서 오른쪽 방향으로 프리에 지의 가로 너비의 2/3지점까지 사선을 긋는다.
⑤ 반대 월 부분에서 오른쪽 월 부분과 높이를 맞춰서 왼쪽방향으로 프리에지의 가로 너비의 1/3지점까지 사선을 긋는다.
⑥ 두 마주보는 사선을 스마일 라인을 만들면서 연결한다.
⑦ 톱코트를 바르고 잔여물 컬러링을 정리해 준다.

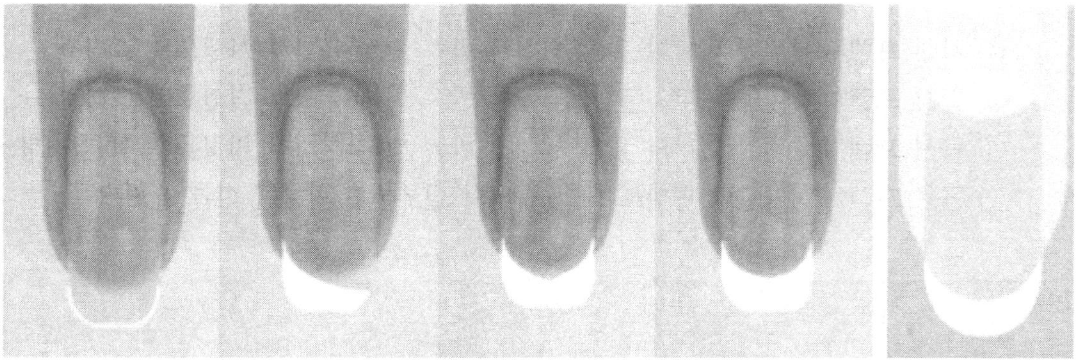

[기본형 프렌치 컬러링 매뉴얼]

2) 딥 프렌치 컬러링을 한다.

①~⑥ 기본형 프렌치 컬러링과 동일

⑦ 딥 프렌치 스마일 라인의 왼쪽 시작점에서 한 방향 풀 코트 컬러링 방법으로 빠르게 컬러링을 중첩해 가면서 오른쪽 스마일 라인 끝까지 프리에지 방향으로 네일 폴리시를 끌어 내리며 컬러링을 정리한다.

⑧ 톱코트를 바르고 잔여물 컬러링을 정리해 준다.

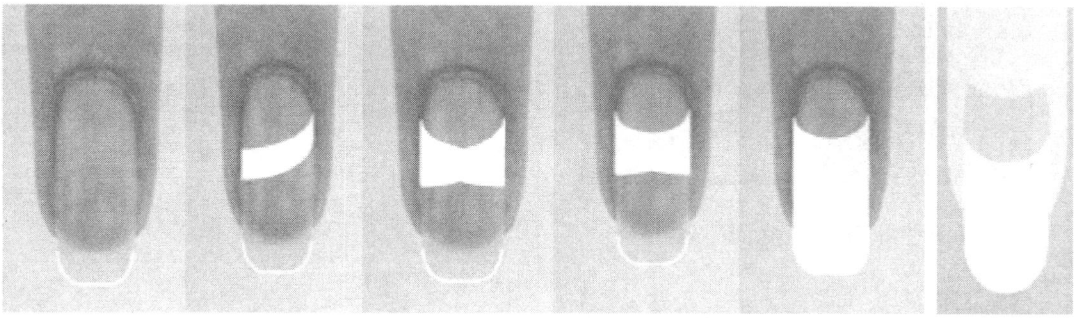

[딥 프렌치 컬러링 매뉴얼]

프렌치(French) 컬러링 실습지

프렌치(French) 이미지	사진
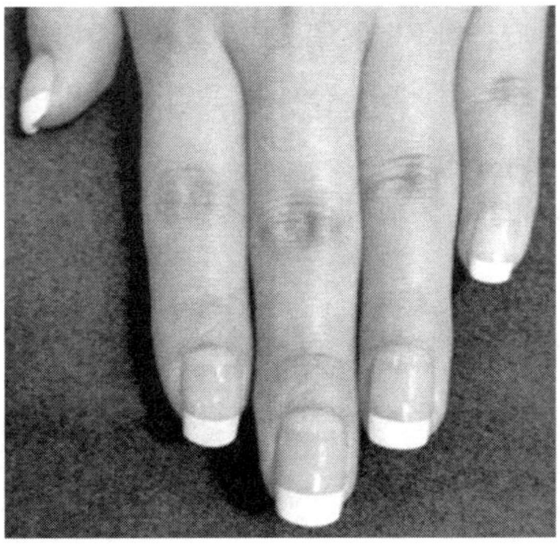	
딥 프렌치(Deep French) 이미지	사진
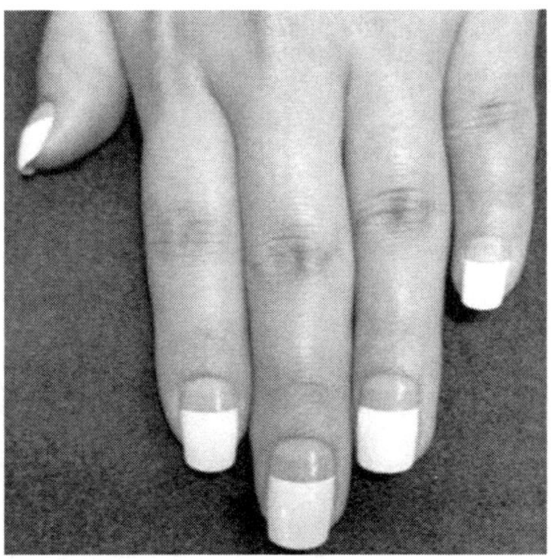	

11주차

컬러링 하기 3

학습모듈 개요

고객의 네일 보호와 미적 요구 충족을 위하여 효과적인 네일 관리로 프리에지 형태 만들기, 큐티클 정리하기, 컬러링하기, 마무리를 할 수 있다.

학습 목표

① 고객의 요구에 따라 네일 폴리시 색상의 침착을 막기 위한 베이스 코트를 아주 얇게 도포할 수 있다.
② 작업 매뉴얼에 따라 네일 폴리시를 얼룩 없이 균일하게 도포할 수 있다.
③ 작업 매뉴얼에 따라 네일 폴리시 도포 후 컬러 보호와 광택 부여를 위한 톱 코트를 바를 수 있다.

학습 내용

1 다양한 그라데이션 컬러링 방법

1) 가로형 그라데이션(프리에지 중심으로 한 칼라 그라데이션)

(1) 원 컬러 그라데이션

스펀지를 이용하여 프리에지부터 표면을 터치하며 두드리는 그라데이션 컬러링

(2) 다 컬러 그라데이션

스펀지를 이용하여 네일 바디의 하단부를 터치하며 두드린 후 추가된 색으로 프리에지 표면을 터치하는 그라데이션 컬러링, 스펀지에 두 가지 이상의 색을 중첩하여 바르고 팔레트 등에 그라데이션 확인 후 네일 바디에 컬러링

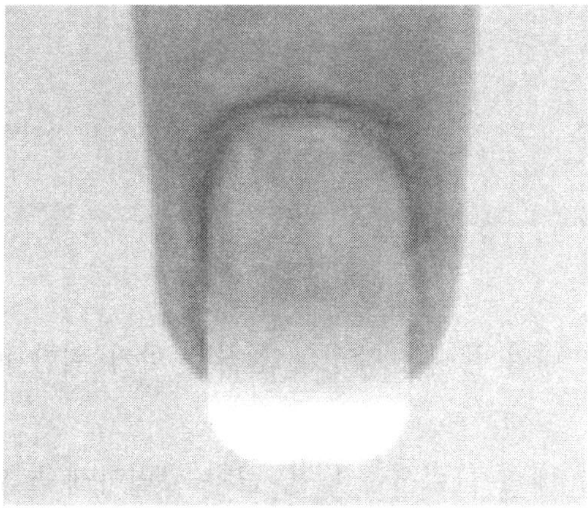

[가로형]

2) 세로형 그라데이션(바디 능선을 중심으로 한 칼라 그라데이션)

(1) 프렌치형

프렌치 컬러링 형태로 2가지 이상의 컬러를 네일브러시를 이용하여 프리에지 방향으로 내리면서 연결하며 표현하는 그라데이션 컬러링

(2) 풀 코트형

풀 코트 컬러링 형태로 2가지 이상의 컬러를 네일브러시를 이용하여 프리에지 방향으로 내리면서 연결하며 표현하는 그라데이션 컬러링

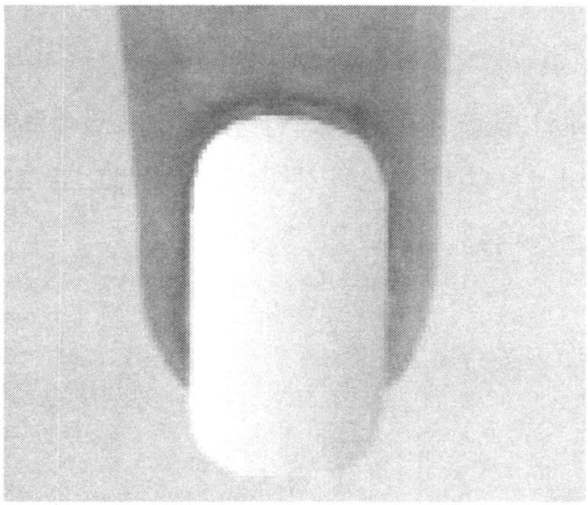

[세로형]

수행 내용

1 그라데이션 컬러링하기

1) 원 컬러 그라데이션 하기

① 베이스 코트를 바른다.
② 스펀지에 컬러 네일 폴리시를 바르고 중첩하여 톱 코트를 발라준다.
③ 팔레트에 스펀지를 가볍게 두드려서 그라데이션 상태를 확인한다.
④ 프리에지 끝에서부터 천천히 표면을 터치하여 두드리며 네일 길이의 2/3지점까지 1코트 컬러링 한다.
⑤ 스펀지에 컬러 네일 폴리시와 톱코트를 추가하고 팔레트에 두드려 양 조절해준다.
⑥ 프리에지에서부터 1/3지점 정도까지 똑같은 방법으로 2코트 컬러링 한다.
⑦ 톱코트를 바르고 잔여물 컬러링을 정리해 준다.

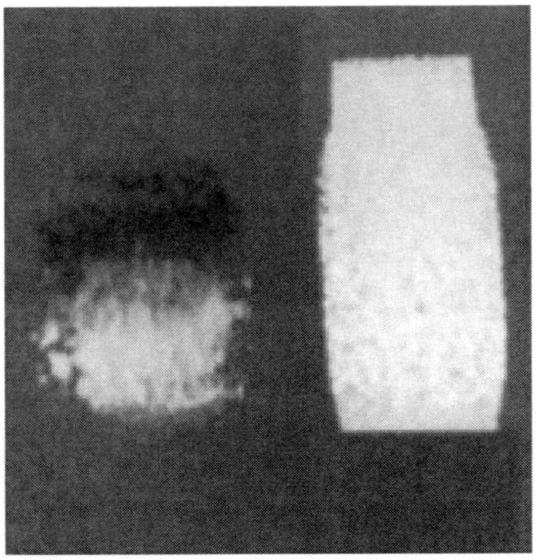

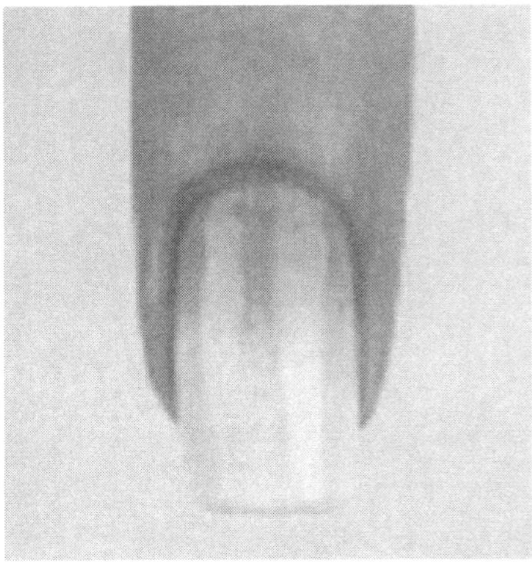

2) 투 컬러 그라데이션 하기

①~⑤ 원 컬러 그라데이션과 동일
⑥ 새 스펀지에 어두운 톤의 컬러 네일 폴리시와 톱코트를 중첩하여 발라준다.
⑦ 팔레트에 스펀지를 가볍게 두드려서 그라데이션 상태를 확인한 후 프리에지에서부터 1/3지점 정도까지 똑같은 방법으로 2코트 컬러링 한다.
⑧ 톱 코트를 바르고 잔여물 컬러링을 정리해 준다.

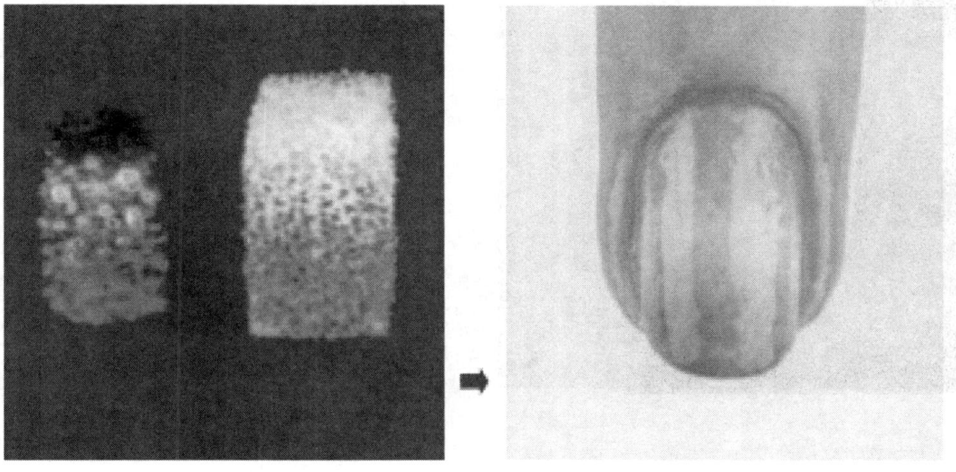

<table>
<tr><th colspan="2">그라데이션(Gradation) 컬러링 실습지</th></tr>
<tr><th>그라데이션(Gradation) 이미지</th><th>사진</th></tr>
<tr><td>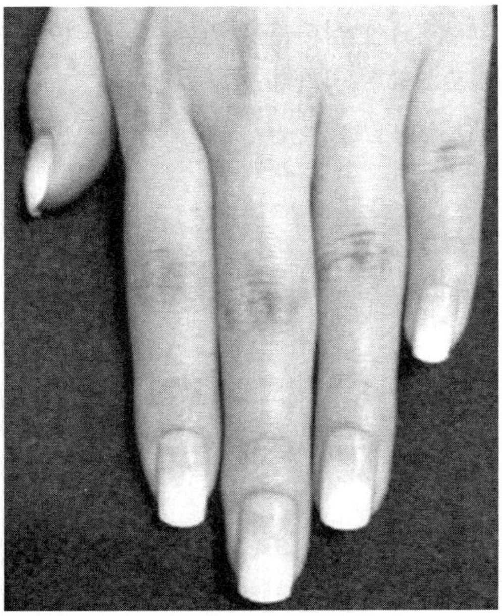</td><td></td></tr>
<tr><td>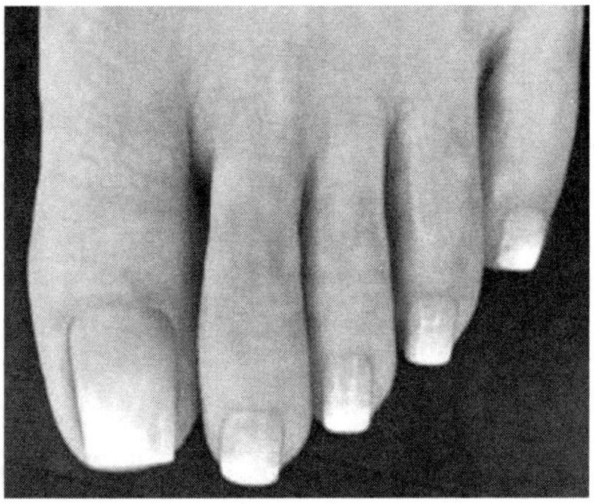</td><td></td></tr>
</table>

12주차

제2차 직무능력평가

제2차 직무능력평가서

담당교수		교과목명	기초네일미용실무
학 번		능력단위명 (능력단위코드)	네일 샵 위생 서비스 1201010401_14v2
이 름			네일 화장물 제거 1201010402_14v2
평가일자			네일 기본 관리 1201010403_14v2

영역 (능력단위요소)	평가내용(수행준거)	평가구분		판정	
		과정 평가	결과 평가	Y	N
큐티클 정리하기 (1201010403_14v2.2)	2.5. 고객의 큐티클의 상태에 따라 큐티클을 정리할 수 있다.				
컬러링하기 (1201010403_14v2.3)	3.1. 고객의 요구에 따라 폴리시 색상의 침착을 막기 위한 베이스코트를 아주 얇게 도포할 수 있다.				
	3.2. 고객의 요구에 따라 컬러링 방법을 선정 하고 폴리시를 도포할 수 있다.				
	3.6. 시술 매뉴얼에 따라 폴리시 도포 후 컬러 보호와 광택 부여를 위한 탑 코트를 바를 수 있다.				
소 계	25%				

영역(능력단위요소)	평가내용(K/S/A/T 포함 자율평가)	평가점수
마무리하기 (1201010403_14v2.5)	• 기술 냉 · 온 타월 사용 능력 • 냉 · 온기기 사용 능력 네일의 유분기 제거 능력 보습제 선택 사용 능력	
소 계	5%	
합 계	30%	

13주차

컬러링하기 4

학습모듈 개요

고객의 네일 보호와 미적 요구 충족을 위하여 효과적인 네일 관리로 프리에지 형태 만들기, 큐티클 정리하기, 컬러링하기, 마무리를 할 수 있다.

학습 목표

① 작업 매뉴얼에 따라 젤 네일 폴리시를 얼룩 없이 균일하게 도포할 수 있다.
② 작업 매뉴얼에 따라 젤 네일 폴리시 작업 시 젤 램프기기를 사용할 수 있다.

학습 내용

1 젤 컬러링 매뉴얼

컬러링 작업 전, 아세톤 또는 폴리시리무버를 사용하여 손톱표면과 큐티클 주변, 손톱 밑 부분까지 깨끗하게 유분기를 제거해야 한다. 젤 컬러링의 순서는 표면정리 → 전처리 하기 → Base coating 1회 + 큐어링 → Polishing 1회 + 큐어링 → Polishing 2회 + 큐어링 → Top coating 1회 + 큐어링 → 미경화젤 닦기의 순서로 한다.

2 젤 램프기기 사용 시 주의사항

① 젤 램프기기에 손을 넣을 시 입구에 손이 닿지 않도록 주의한다.
② 막힘형 젤 램프기기를 사용 시 손을 깊이 넣어 손끝에 기기에 닿지 않도록 주의한다.
③ 손끝을 올려 젤이 큐티클 주변으로 움직이거나 젤 램프기기에 상단에 닿지 않도록 주의한다.
④ 큐어링 시 네일이 서로 닿지 않도록 주의한다.
⑤ 큐어링 시 기기에서 발생하는 빛을 눈으로 직접 보지 않도록 주의한다.

수행 내용

1 젤 컬러링하기

① 네일 바디의 유분기를 제거한다.
② 네일 표면을 가볍게 샌딩한다.
③ 전 처리제를 네일 바디에 바른다.

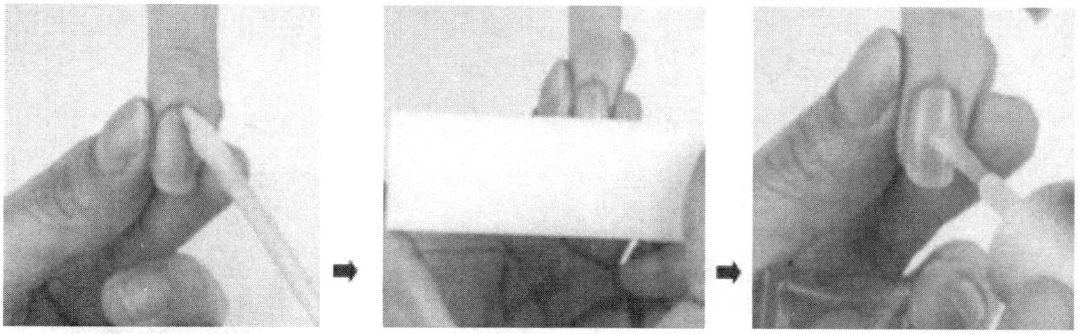

[젤 컬러링 전처리 하기]

④ 젤 베이스코트 도포하고 큐어링한다.

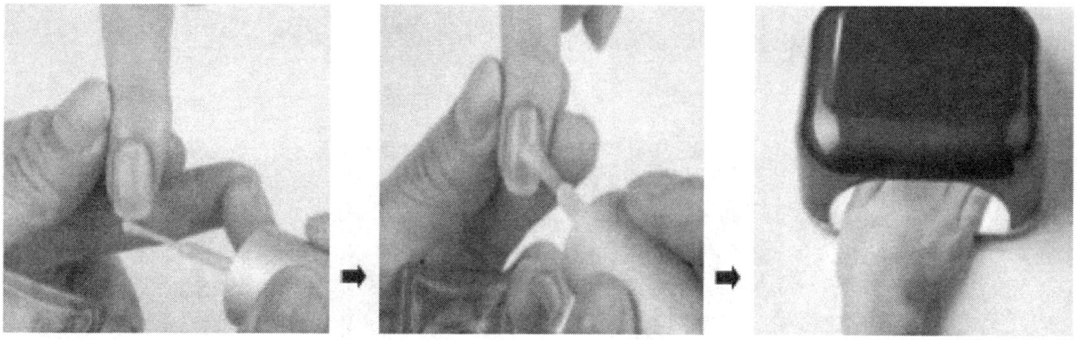

[젤 베이스코트 컬러링]

⑤ 젤 네일 폴리시를 도포한다.

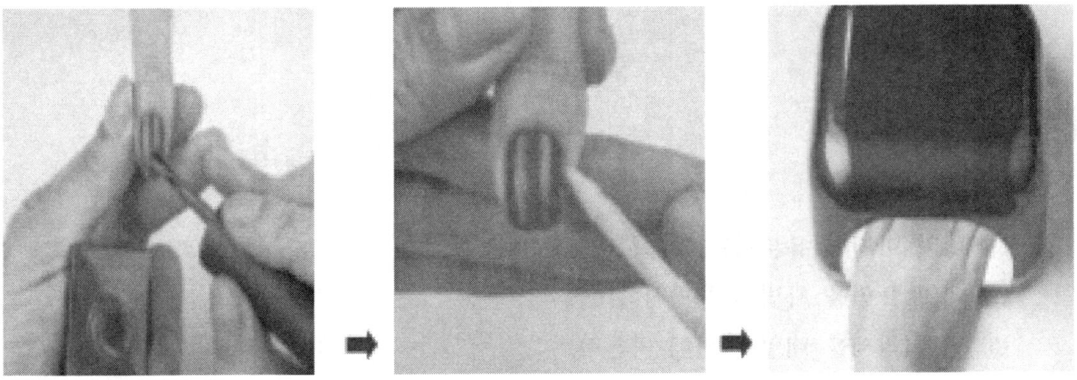

[칼라 젤 네일 폴리시 풀 코트 컬러링]

⑥ 젤 톱코트를 도포한다.

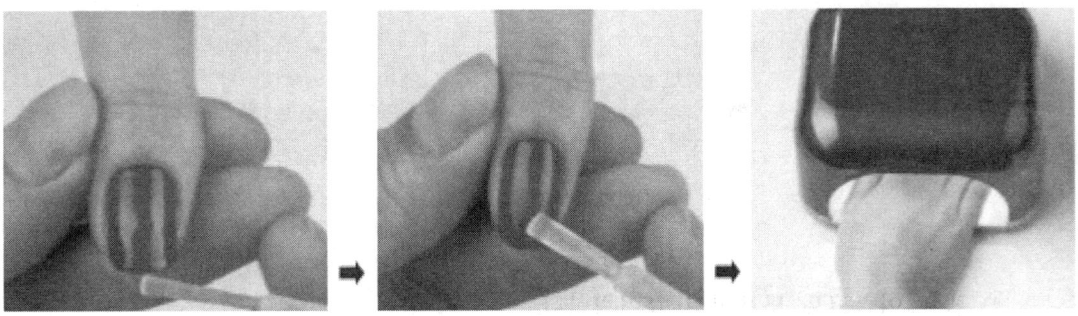

[젤 톱코트 컬러링]

⑦ 미 경화젤 닦기

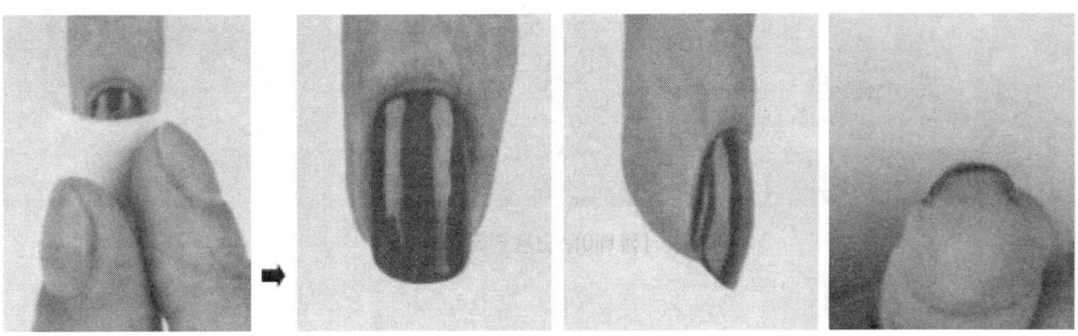

[미경화젤 닦기]

<table>
<tr><th colspan="2">젤(Gel) 컬러링 실습</th></tr>
<tr><th>풀 코트(Full Coat) 이미지</th><th>사 진</th></tr>
<tr><td>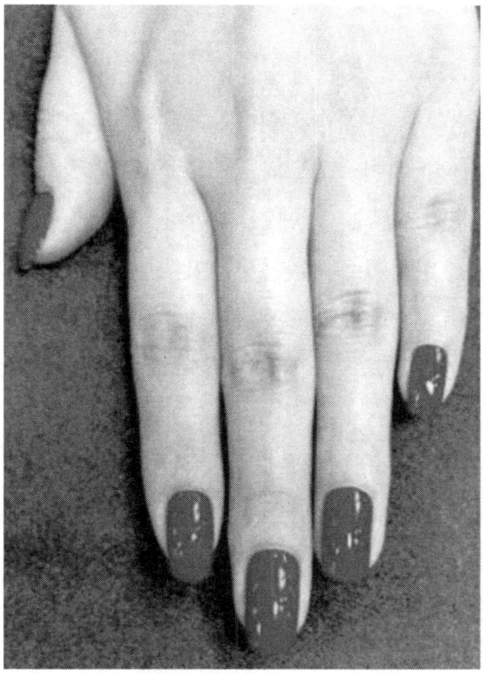</td><td></td></tr>
</table>

교수·학습 방법

1 교수 방법

① 컬러링 제품의 성분과 칼라별 점도의 차이, 베이스코트와 톱코트의 역할, 폴리시 잡는 방법, 큐어링 시간 등의 내용을 화면 자료와 함께 설명한다.

② 네일 폴리시는 칼라나 제형의 종류별로 준비하여 직접 학생들이 만져보고 점도와 발림성의 차이를 느낄 수 있도록 실물재료를 준비하도록 한다.

③ 컬러링의 방법을 다양하게 서식지에 연습하도록 한 후 팁에 동일한 컬러링 연습을 하도록 한다.

④ 네일 컬러링의 다양한 방법은 데모를 통해 조금 더 상세하게 설명한다.

⑤ 젤 컬러링 시 주의사항을 계속 숙지시키도록 하며 큐어링 시간에 대해 작성하도록 한다.

2 학습 방법

① 컬러링을 위한 재료의 필요성과 사용방법을 숙지하고 컬러링 매뉴얼 과정에 맞추어 작업 내용을 이해한다.

② 컬러링의 다양성에 대한 용어를 숙지하고 진행과정에 맞추어 내용을 작업한다.

③ 팁별 작업 시, 작업자와 고객의 관계를 설정한다.

④ 컬러링이 선택되어 작업되기 전에 고려되어지는 사항에 대해 설명한다.

⑤ 젤 컬러링 시 적합한 큐어링 시간을 선택해서 큐어링 해본다.

평가

1 평가 준거

평가자는 학습자가 수행준거 및 평가항목에 제시되어 있는 내용을 성공적으로 수행하였는지를 평가해야 한다.

2 평가 방법

평가자 체크리스트

학습 내용	평가 항목	성취 수준		
		상	중	하
컬러링 매뉴얼 이해	- 고객의 요구에 따라 네일 폴리시 색상의 침착을 막기 위한 베이스코트를 아주 얇게 도포할 수 있다.			
	- 작업 매뉴얼에 따라 네일 폴리시를 얼룩 없이 균일하게 도포할 수 있다.			
	- 작업 매뉴얼에 따라 네일 폴리시 도포 후 컬러 보호와 광택 부여를 위한 톱코트를 바를 수 있다.			
컬러링 방법 선정과 작업	- 고객의 요구에 따라 컬러링 방법을 선정하고 네일 폴리시를 도포할 수 있다.			
젤 컬러링 작업	- 작업 매뉴얼에 따라 젤 네일 폴리시를 얼룩 없이 균일하게 도포할 수 있다.			
	- 작업 매뉴얼에 따라 젤 네일 폴리시 작업 시 젤 램프 기기를 사용할 수 있다.			

피드백 평가자 체크리스트

수행준거에 근거한 항목별 평가자 체크리스트를 참고하여 평가한다.

14주차

네일 기본관리 마무리하기

학습모듈 개요

고객의 네일 보호와 미적 요구 충족을 위하여 효과적인 네일 관리로 프리에지 형태 만들기, 큐티클 정리하기, 컬러링하기, 마무리를 할 수 있다.

학습 목표

① 보습제의 선택 기준에 따라 제품을 선택하여 손·발에 보습제를 도포할 수 있다.
② 사용한 제품의 정리정돈을 할 수 있다.

학습 내용

1 마무리 보습제 선택 기준

① 로션과 크림은 피부 보습효과가 있는지 확인한다.
② 화학첨가물보다는 천연추출물이 들어있는 보습제를 선택한다.

2 제품정리 마무리

① 기본 네일관리가 마친 후 작업은 다음 작업을 위한 준비가 필요하다.
② 제품 마무리를 위해 네일 테이블 정리하기 → 네일 폴리시 정리하기 → 비품 정리하기 → 폐기물 정리하기의 순서로 진행한다.

수행 내용

1 마무리 보습제 도포하기

① 고객의 컬러링 된 네일에 보습제가 닿지 않도록 주의해서 바른다.
② 네일 주변의 피부는 작업자의 손으로 섬세하게 바른다.

2 작업대 정리하기

1) 네일 테이블을 정리한다.

① 사용 후 오염된 키친타월을 폐기한다.
② 사용한 1회용 네일 파일을 폐기한다.
③ 사용한 푸셔나 니퍼, 더스트브러시 등의 네일 도구는 살균 소독한다.
④ 네일 서비스를 위한 테이블 세팅을 한다.

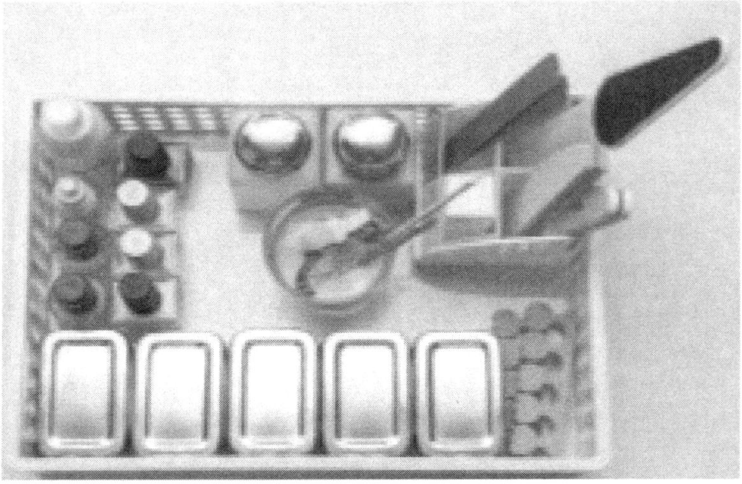

[작업 후 작업 바구니 정리하기]

2) 네일 폴리시를 정리한다.

① 사용한 네일 폴리시 닦는다.
② 커팅 된 키친타월에 네일 폴리시 리무버에 적신다.
③ 네일 폴리시 병목에 키친타월을 감싼다.
④ 네일 폴리시 병뚜껑을 덮고 돌려서 닦아낸다.

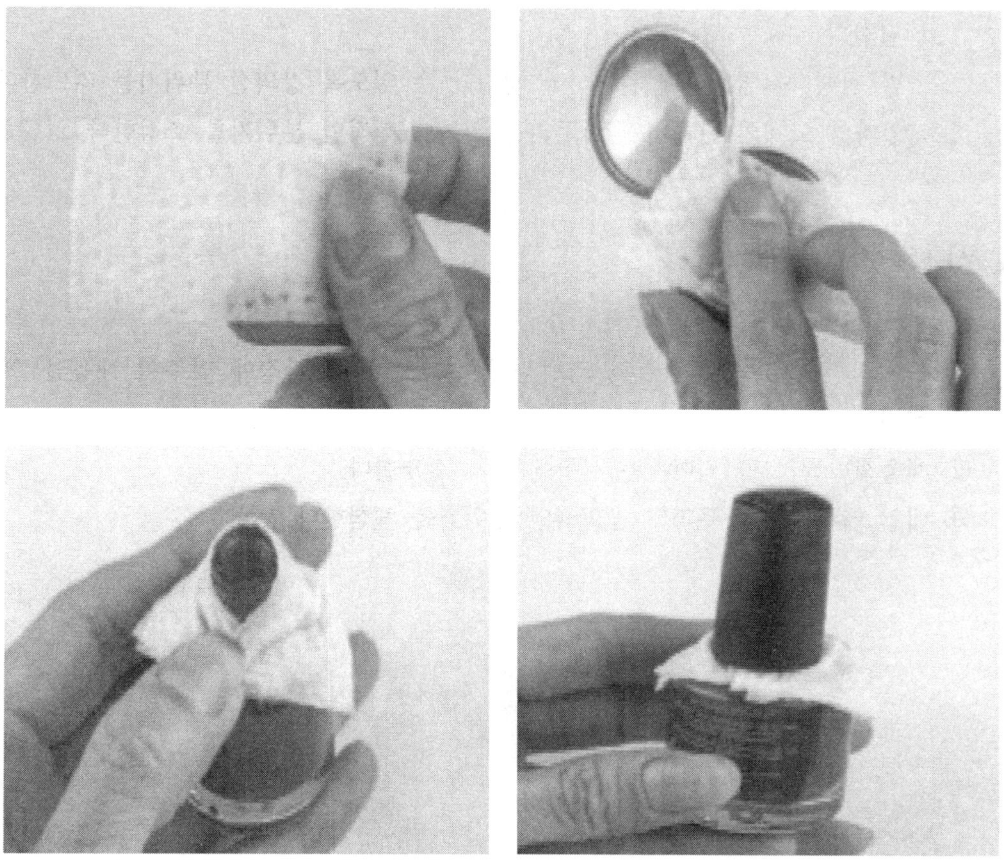

[네일 폴리시 병목 닦기]

교수·학습 방법

1 교수 방법

① 기초 네일 관리의 전 과정에서 연계하여 마무리의 과정을 이해할 수 있도록 전달한다.
② 조별 진행 시 침착하게 설명하고 경청할 수 있도록 강의실 분위기를 리드한다.
③ 작업자와 고객의 관계처럼 마무리를 위한 공식적인 분위기를 조성한다.

2 학습 방법

① 전체적인 네일 기본관리의 과정을 복습하고 진행 과정에 맞추어 내용을 이해한다.
② 제품정리 시 고려되어지는 사항에 대해 설명한다.
③ 네일 기본관리 마무리의 공식적인 분위기를 체험한다.

평가

1 평가 준거

평가자는 학습자가 수행준거 및 평가항목에 제시되어 있는 내용을 성공적으로 수행하였는지를 평가해야 한다.

2 평가 방법

평가자 체크리스트

학습 내용	평가 항목	성취 수준		
		상	중	하
네일 기본관리 마무리와 정리	- 보습제의 선택 기준에 따라 제품을 선택하여 손·발에 보습제를 도포할 수 있다.			
	- 사용한 제품의 정리정돈을 할 수 있다.			

피드백 평가자 체크리스트

수행준거에 근거한 항목별 평가자 체크리스트를 참고하여 평가한다.

15주차

제3차 직무능력평가

제2차 직무능력평가서

담당교수		교과목명	기초네일미용실무
학 번		능력단위명 (능력단위코드)	네일 샵 위생 서비스 1201010401_14v2
이 름			네일 화장물 제거 1201010402_14v2
평가일자			네일 기본 관리 1201010403_14v2

영역 (능력단위요소)	평가내용(수행준거)	평가구분		판정	
		과정 평가	결과 평가	Y	N
미용 기구 소독하기 (1201010401_14v2.2)	2.2. 소독방법에 따라 네일 미용 기기를 소독할 수 있다.				
	2.3. 소독방법에 따라 네일 시술용 도구를 소독할 수 있다.				

영역 (능력단위요소)	평가내용(수행준거)	평가구분		판정	
		과정 평가	결과 평가	Y	N
손 · 발 소독하기 (1201010401_14v2.4)	4.3. 소독방법에 따라 시술자의 손 · 발을 소독할 수 있다.				
	4.4. 소독방법에 따라 고객의 손 · 발을 소독할 수 있다.				
제거 마무리하기 (1201010402_14v2.3)	3.2. 고객의 요구에 따라 모양과 길이에 맞게 마무리할 수 있다.				
	3.5. 화장물 처리 매뉴얼에 따라 제거 시 배출된 잔여물들을 처리할 수 있다.				
프리엣지 모양 만들기 (1201010403_14v2.1)	1.2. 고객의 요구에 따라 프리엣지 모양을 만들 수 있다.				
큐티클 정리하기 (1201010403_14v2.2)	2.1. 시술 매뉴얼에 따라 핑거볼에 손 담그기를 할 수 있다.				
	2.2. 시술 매뉴얼에 따라 족욕기에 발 담그기를 할 수 있다.				
	2.5. 고객의 큐티클의 상태에 따라 큐티클을 정리할 수 있다.				
컬러링하기 (1201010403_14v2.3)	3.1. 고객의 요구에 따라 폴리시 색상의 침착을 막기 위한 베이스코트를 아주 얇게 도포할 수 있다.				
	3.2. 고객의 요구에 따라 컬러링 방법을 선정 하고 폴리시를 도포할 수 있다.				
	3.6. 시술 매뉴얼에 따라 폴리시 도포 후 컬러 보호와 광택 부여를 위한 탑 코트를 바를 수 있다.				
마무리하기 (1201010403_14v2.5)	5.2. 시술 방법에 따라 네일과 네일 주변의 유 분기를 제거할 수 있다.				
	5.4. 사용한 제품의 정리정돈을 할 수 있다.				
소 계	20%				
영역(능력단위요소)	평가내용(K/S/A/T 포함 자율평가)			평가점수	
합 계	20%				

평가결과서

담당교수		교과목명	기초네일미용실무
학 번		능력단위명 (능력단위코드)	네일 샵 위생 서비스 1201010401_14v2
이 름			네일 화장물 제거 1201010402_14v2
평가일자			네일 기본 관리 1201010403_14v2

	구 분	배점	점 수	환산점수	비 고
종합 평가 점수	출석평가	20%			
	직무능력평가 1차	30%			
	직무능력평가 2차	30%			
	직무능력평가 3차	20%			
	재평가지침				
	합 계	100%			

성취수준 판정

판정결과	성취수준		성취결과	
종합의견				

	성취수준	수행정도	평가점수 (예시)
판정기준	5	해당 지식과 기술을 확실하게 습득하여 직무수행에 필요한 기술적 사고력과 문제 해결력을 토대로 주도적으로 완벽한 작업을 수행할 수 있다.	90 ~ 100
	4	해당 지식과 기술을 습득하여 직무수행에 필요한 기술적 사고력과 문제 해결력을 토대로 작업을 수행할 수 있다.	80 ~ 90
	3	해당 지식과 기술을 대부분 습득하여 직무수행에 필요한 지식과 기술을 가지고 대부분의 작업을 수행할 수 있다.	70 ~ 79
	2	해당 지식과 기술을 부분적으로 습득하여 직무수행에 필요한 지식과 기술을 가지고 타인과 공동으로 작업을 수행할 수 있다.	60 ~ 69
	1	해당 지식과 기술을 습득하는데 부족함이 있어 타인의 도움을 받아야만 작업을 수행할 수 있다.	59 이하

16주차

향상 · 심화학습

포트폴리오

Portfolio

과 목 : 기초네일미용실무

학 번 :

이 름 :

미용기구 소독하기(1201010401_14v2.2)

손·발 소독하기(1201010401_14v2.4)
시술자 손 소독
모델 손 소독

손·발 소독하기(1201010401_14v2.4)
시술자 손 소독
모델 손 소독

제거 마무리 하기(1201010402_14v2.3)

프리에지 모양만들기(1201010403_14v2.1)

큐티클 정리하기(1201010403_14v2.2)

큐티클 정리하기(1201010403_14v2.2)

컬러링하기(1201010403_14v2.3)
베이스 코트 도포
네일 폴리시 도포

컬러링하기(1201010403_14v2.3)
컬러링 수정
탑코트 도포

네일 기본관리 마무리하기(1201010403_14v2.5)

저자약력

• **김유정**
건국대학교 생물공학과 이학박사
여주대학교 뷰티미용과 교수

• **고정민**
건국대학교 생물공학과 이학박사
서정대학교 뷰티아트과 겸임교수
여주대학교 뷰티미용과 외래교수

National Competency Standards **NCS**
http://www.ncs.go.kr

네일미용 직무능력표준 학습모듈

기초 네일미용 실습서

초판인쇄	2016년 5월 1일
초판발행	2016년 5월 5일

저자	김유정·고정민
발행인	**조규백**
발행처	도서출판 **구민사** (07301) 서울특별시 영등포구 문래로 187, 604(영등포동4가, 동서빌딩)
전화	(02) 701-7421(~2)
팩스	(02) 3273-9642
홈페이지	www.kuhminsa.co.kr
등록	제14-29호 (1980년 2월 4일)
ISBN	979-11-5813-257-6 [13590]
값	**12,000원**